U0220448

盆景制作知识200问

主　编　蔡建国
副主编　舒美英　尹利琴
参　编　张庆宝　虞佳丽　朱文君　毛　衍

ZHEJIANG UNIVERSITY PRESS
浙江大学出版社

图书在版编目(CIP)数据

盆景制作知识200问 / 蔡建国主编. —杭州：浙江大学出版社，2016.9

ISBN 978-7-308-16122-0

Ⅰ. ①盆… Ⅱ. ①蔡… Ⅲ. ①盆景—观赏园艺—问题解答 Ⅳ. ①S668.1-44

中国版本图书馆CIP数据核字（2016）第189378号

盆景制作知识200问

主编　蔡建国

责任编辑　陈静毅

责任校对　杨利军　田程雨

封面设计　续设计

出版发行　浙江大学出版社

（杭州市天目山路148号　邮政编码310007）

（网址：http://www.zjupress.com）

排　　版　杭州林智广告有限公司

印　　刷　杭州杭新印务有限公司

开　　本　710mm×1000mm　1/16

印　　张　12.25

字　　数　201千

版 印 次　2016年9月第1版　2016年9月第1次印刷

书　　号　ISBN 978-7-308-16122-0

定　　价　29.00元

版权所有　翻印必究　印装差错　负责调换

浙江大学出版社发行中心联系方式　（0571）88925591;http://zjdxcbs.tmall.com

前 言
Preface

盆景是我国优秀的传统造型艺术之一，在世界艺术之林中，它是富有自然情趣的东方艺术精品之一，也是我国独特的传统园林艺术之一。盆景是大自然优美景物的缩影，集园林栽培、文学、绘画、陶瓷、美学等为一体，素有“无声的诗、立体的画、活的雕塑”之美称。

盆景起源于中国，早在7000余年前的新石器时期便有了盆景的最初形式盆栽，在秦汉时期由原始盆栽向艺术盆栽过渡，在魏晋时期，盆栽得到普及，在南北朝时期出现了山水盆景的雏形，在唐代出现真正意义上的盆景，在唐末宋初，中国盆景开始传入日本、朝鲜等国，后在日本逐渐发扬光大，并传向世界各国，成为造型艺术上的一支奇葩。

盆景是在盆栽和石玩基础上发展起来的，以植物、山石为主要素材，运用技术栽培和艺术加工技法，在盆钵内创造性再现自然美景的一门艺术，以“繁中求简”“以小见大”“缩龙成寸”的艺术手法进行加工，将大自然的苍劲的古树名木和优美的名山大川浓缩于咫尺盆盎中，集中、典型再现大自然神貌，给人以“一峰则太华千寻、一勺则江湖万里”的艺术享受。中国盆景创作材料丰富，创作手法多采，造型风格多种、流派多样，苏派的“粗扎细剪”手法营造出清秀古雅的艺术风格；扬派的“精扎细剪”手法营造出严整壮观的艺术风格；川派的“讲究身法”手法营造出虬曲多姿、典雅清秀的艺术风格；岭南派的“蓄枝截干”手法营造出苍劲自然、飘逸豪放的艺术风格；海派的“金属丝缠绕”手法营造出明快流畅、精巧玲珑的艺术风格；浙派的“高干合栽”手法营造出刚劲自然的艺术风格；徽派的“粗扎粗剪”手法营造出奇特古朴的艺术风格；通派的“以扎为主”手法营造出端庄雄伟的艺术风格。各种风格和流派的盆景纷繁展现，推陈出新，欣赏盆景犹如遨游名山大川、神游神州大地，咫尺之间展现无穷天地。

笔者从事盆景教学和制作多年，经过多年探索创新，积累了丰富的经验，整理编写了《盆景制作知识200问》一书。本书以一问一答的形式解决了盆景制作中的诸多问题，是一本简明、实用、系统地介绍盆景理论知识、制作技术和应用欣赏的著作。全书分三大版块：第一章盆景基础知识，主要介绍盆景的定义、特性、作用、分类、形式、风格、流派、艺术特色和美学特点等盆景制作的理论知识；第二章盆景制作技艺，主要介绍盆景的制作工具与材料、树桩盆景制作、山水盆景制作、其他盆景制作、盆景养护与管理等盆景制作的核心知识；第三章盆景应用欣赏，主要介绍盆景的应用形式、国内主要的盆景园、盆景欣赏和盆景的发展趋势等拓展内容。本书作为《社会主义新农村建设书系》之一，讲究通俗性和实用性，适合园林工作者、盆景爱好者和盆景产业开发者阅读参考。

由于笔者水平所限，缺点和错误在所难免，恳请读者给予指正。

编　者

2016年5月

目 录
Contents

第一章
盆景基础知识

本章主要介绍盆景的基础知识，包括盆景的定义、特性、作用、分类、形式、风格、流派、艺术特色和美学特点等内容，是学习、了解和制作盆景的理论基础。

1. 盆景是什么？

盆景是我国优秀的传统造型艺术之一，是在盆栽和石玩基础上发展起来的，以植物、山石、水、土等为基本材料，经过技术栽培和艺术加工，在盆钵内再现大自然的优美景色，表现作者思想感情的艺术品。

盆景的概念说明了以下几方面：

一是盆景起源于我国，是我国重要的传统造型艺术，这明确了盆景的起源。

二是盆景在发展与演化过程中有两个重要的基础，就是盆栽和石玩。盆栽是将植物栽于容器的栽培形式，是植物发展史上重要的变革。石玩，也就是赏石，是将有特色的石材经过一定的加工和组合，置于一定的环境中供人们欣赏、品评的石制摆件，也是形成盆景的重要基础。

三是说明了盆景制作的基本材料，植物、山石、水、土均为盆景制作的重要素材。对于树桩盆景来说，植物是主要素材，山石可作为补充素材，但也不一定，在附石式树桩盆景中，不管是树抱石，还是石抱

树，石材同样成了主要素材。在山水盆景中，山石是主要素材，有时山水盆景中的植物也成为重要素材。在水旱盆景中，植物与山石同样成为主要素材。

四是说明了盆景在制作中需要掌握两大技法，即技术栽培与艺术加工。技术栽培对树桩盆景来说，关键是掌握植物的栽培技术，对山水盆景来说关键是掌握山石切割、组装等技术。技术栽培在盆景制作中是基础，是艺术加工的前提。艺术加工对树桩盆景来说包括植物造型与组合、上盆布局、地形塑造、配盆与点缀等，对山水盆景来说包括山石雕琢（皴法）、山石布局、水线处理、配盆点缀等。

五是说明了盆景制作一定要有一“盆”，这是盆景艺术的创作空间，犹如园林中的围墙，有形或无形。盆景是要展示大自然的优美景色，主要是塑造自然中的名山大川、古树名木和自然形成的特殊造型景色等，同时盆景制作是一项反映作者思想感情的重要活动。

2. 盆景的最初形式是什么？

树桩盆景是从盆栽基础上发展而来的，即树桩盆景的最初形式是盆栽。盆景与盆栽的根本区别在于：盆栽只是将植物种植在盆器之中，以供四季观赏，其审美的物件只是植物的枝叶、花朵、果实等；而盆景除了达到盆栽的观赏效果外，还必须通过精心的艺术造型，表现出无穷的诗情画意，表现出令人心驰神往、浮想联翩的自然美，表现出人们对于大自然的爱恋之情。因此，盆景是作者艺术情感的寄托与抒发，是主观精神的表露。盆景是景致与情感的交融体，是自然与艺术美的有机结合。

山水盆景是在石玩（赏石）基础上发展起来的，从这个角度上来说，石玩也是盆景的最初形式之一。盆景与石玩的区别在于：首先，盆景是有生命的艺术品，即便是山水盆景，通常也有植物点缀，而石玩是艺术品或工艺品，不具生命特征；其次，盆景给人的感觉是小中见大，展示四维艺术，表现自然名山大川，而石玩多以石种、石质、石形的不同，经过艺术创作展现其艺术特征，没有山水盆景那样表现自然的小中见大，也无法展示四维艺术。

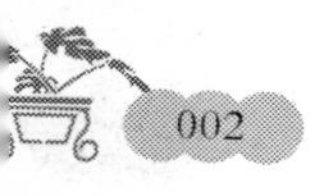

3. 盆景是如何起源的？

盆景起源于我国。早在7000年前的新石器时代，就已经有了最初形式的盆栽。在浙江余姚河姆渡考古时就发现了7000年前的陶片上绘有盆栽植物的图案。

在商、周、秦、西汉时期（公元前1600—25年），不仅有草本盆栽，还有木本盆栽。张骞出使西域的时候，为了把石榴引进中原，就采用了盆栽石榴的方法。这也是迄今为止我国有文字记载的最早的木本植物盆栽。在这个时期里，不仅有了观赏植物的栽培，还有模仿自然山水的造园活动。创造自然山水园林，可以说是盆景艺术产生的前奏。

在东汉时期（25—220年），“缶景”出现。野史中记载：“东汉费长房能集各地山川、鸟兽、人物、亭台楼阁、帆船舟车、树木河流于一缶，世人将其誉为缩地之方。”此即为“缶景”，说明当时的盆栽已经由原始盆栽向艺术盆栽过渡。

在魏晋时期（220—420年），盆栽逐渐普及，由于当时社会动荡、政治腐败，士大夫阶层追求隐逸的风气很盛，他们视山林为乐土，以隐居为清高，将理想的生活和山林之秀美结合起来。晋朝南渡之后，江南经济得到了较大的发展，贵族地主们大量建造园林别墅，过着游山玩水的闲适生活。当时盛行的玄学，引起了士大夫们从自然山水中找到人生哲理的兴趣。在居住环境和经济条件有所限制的情况下，为了达到接近自然、向往自然的目的，他们就把大自然的植物、山水等具有代表性的景观收集到自己生活的居室环境中来。这种行为方式促进了园林艺术的发展，也为盆景艺术的形成奠定了基础。

在南北朝时期（420—589年），梁代萧子显在《南齐书》中提到“会稽剡县，刻石山，相传为名”，虽然没有写明盆钵、几架等内容，但是从词义上不难看出，那时已经有加工的假山石，这也说明南北朝时期就有了山水盆景中假山石的艺术加工。虽然当时加工的山石还可能是工艺品，但已成为我国山水盆景的雏形，由此可以推断出山水盆景起源于南北朝时期。

在隋代（581—618年），文化艺术逐渐繁荣，山水画初兴，增强了山水园林意境的表现，这对盆景艺术的形成又是一大促进。这个时期盆景艺

术的特点是：已经有了制作假山和模仿山林景色的工艺品；有了植物、盆钵、几架三位一体的盆栽。

在唐代（618—907年），盆景艺术真正形成。1972年在陕西乾陵发掘的李贤墓内的甬道有两幅壁画：一幅是一侍女双手托一浅盆，盆中有假山和小树；另一幅是一侍女手持莲瓣形盘，盆中有树，上有绿叶红果。另外，故宫里收藏的唐代著名画家阎立本的《职贡图》中也绘有一人手托浅盆，盆中有一块玲珑剔透的山石。这说明在唐代，真正意义上的盆景艺术已经形成。

4. 世界盆景发展是怎样的?

起源于中国的盆景，在唐末宋初开始传入日本、朝鲜等国，后在日本逐渐发扬光大。日本千叶大学岩佐亮二教授所著的《日本盆栽史》中说，日本的盆栽是由中国传入的。我国唐朝时曾以盆栽称呼盆景，现时日本的盆栽与我国的树木盆景大同小异。

20世纪初，盆景又从日本先后传到美国、澳大利亚、法国等，后继续向其他国家传播。1979年以来，我国盆景在世界各地参展和销售，对世界盆景发展起到很大的推动作用。目前，盆景已成为世界性的艺术品。1989年，世界性的盆景组织——世界盆景友好联盟（WBFF）诞生，它的成立有助于盆景在全球的普及与提高。

盆景的发展和经济发达程度、人们的文化素质以及生活是否安定密切相连。随着我国的经济发展及人民生活水平的提高，我国盆景将更加蓬勃发展。

5. 盆景艺术是如何发展的?

唐代是我国封建社会之盛世，在文化艺术方面也取得了辉煌的成就，盆景艺术逐渐形成并有了一定的进展。冯贽《记事珠》一书中记述："王维以黄瓷斗贮兰蕙，养以奇石，累年弥盛。"这些都说明盆景作为一门造型艺术，在唐代已经形成。王维是诗人兼画家，北宋苏东坡认为他"画中有诗，诗中有画"，难怪他能制造出富于"诗情画意"的盆景来。"贮兰蕙，养奇石"与现代的水石盆景甚为相似。

此外，唐代吟咏盆景的诗词亦不乏其例，如白居易的《咏假山》诗中记载：“烟萃三秋色，波涛万石痕，削成青玉片，截断碧云根。风气通岩穴，苔文护洞门，三峰具体小，应是华山孙。”“云根”即石头，可见当时已有截石造景的方法。另外，他还在《双石》一诗中写道：“苍然两片石，厥状怪且丑。”这是指较大型的盆景。诗人李贺的《五粒小松歌》中写道：“绿波浸业满浓光，细束龙髯铰刀剪。”可见当时已开始对树木盆景进行修剪加工和矮化栽培了。

在宋代（960—1279年），绘画艺术得到空前发展，绘画理论应用于盆景创作，使得盆景艺术有了进一步发展。不论是在宫廷还是在民间，以奇树怪石为观赏品已经蔚然成风，对树木、山石配景也有了进一步的研究，并有了树木盆景和山水盆景的区分；树木盆景所采用的植物种类繁多，有松、柏、枫、榆、菊、竹、牡丹、荷花、菖蒲等，具有雕塑的姿态美；布局手法也不拘一格，除了植物配石外，还有单栽植物和单用奇石的盆景制作方法。

宋画《十八学士图》有四幅，其中两幅都画有松树盆景，其形“盖偃枝盘，针如屈铁，悬根出土，老本生鳞，已俨然数百年之物”。

北宋著名画家张择端有一幅《明皇窥浴图》，图中绘有各种不同的盆景：有栽于圆形盆中的松树盆景，干粗、苍老、树干曲折，树冠分布有序；还有栽于长方形浅盆中的牡丹、荷花配以玲珑奇石。

宋代书画家苏东坡在其《双石》诗中说：“至扬州获二石，其一绿石，岗峦逸俪，有穴达于背；其一玉白可鉴，渍以盆水，置几案间……”又有诗云：“我持此石归，袖中有东海……置之盆盎中，日与山海对。”又据《墨庄漫录》载，苏东坡曾得一黑石白脉，做一大白石盆以盛之，激水之上，并名其为“雪浪斋”。这些不仅写出诗人、画家对盆景的爱好，还反映出当时这些山水盆景的完美意境和作品的高超艺术水平，并有了盆景的题名。

大书法家黄庭坚得一块绝美的“云溪石”，曾作诗曰：“造物成形妙画工，地形咫尺运连空。蛟龙出没三万顷，云雨纵横十二峰，清座使人无俗气，闲来当暑起凉风，诸山落木萧萧夜，醉梦江湖一叶中。”可见，当时的盆景运用了“咫尺千里，小中见大”的艺术手法，并且意境深远，可谓“移天缩地，盆立大千”。

宋代不仅有山水盆景，对山石的研究也很突出，并有专著，如杜绾的

《云林石谱》中记载有石品116种之多，对各种石头的产地、采集方法以及供做盆景的石种有了较为详细的论述。

元代（1206—1368年）统治时间较短，由于当时崇尚武功，对文化艺术重视不够，盆景艺术的发展也受到影响。但当时有位高僧，法名韫上人，他云游四方，出入名山大川，擅长各种盆景的创作技法。受山水画影响，他制作的盆景当时称“些子景”（小型景致，些子：小的意思），其特色是师法自然、小中见大，颇有画意。

画家饶自然在其所著《绘宗十二忌》中，运用中国山水画理论，精辟地论述了山水盆景的制作及用石方法，对盆景造型起到一定的指导作用。此外，李士纡所绘的《偃松图》是一幅艺术精品，其松树体态，抱石而偃，结构布局，为后人制作松树盆景提供了有益的启示。

唐、宋、元三朝代为盆景形成期，至元代虽然没有正式出现“盆景”叫法，但盆景作为一门较为完整的艺术已经形成。

明代（1368—1644年）的盆景艺术有了较大的发展，盆景之风已经相当盛行，并且注重和讲究画意，形成了各具特色的地方风格。此时有关盆景的书籍如屠隆的《考槃馀事》、吴初泰的《盆景》、文震亨的《长物志》、诸九鼎的《石谱》、王象晋的《群芳谱》等相继出现，对盆景的取材、选材与制作都有较为详尽的叙述。

屠隆的《考槃馀事》首次正式出现盆景的叫法，并把大小盆景的应用及配置艺术写得更为详细。有云：“盆景以几案可置者为佳，其次则列之亭榭中物宜。”这同当前趋向于发展小型、微型盆景是一致的。同时书中也对单干式、双干式、多干式或合栽式盆景的诗情画意进行了深刻描述。

明代盆景还重视剪扎造型技法，王鸣韶的《嘉定三艺人传》中有“将小树剪扎供盆盎之玩，一树之植几年至几十年，后多习之者”的记载，同样在陆廷灿的《南村随笔》、文震亨的《长物志》里也有类似的记载，说明当时对树桩盆景的枝、干、根等扎剪造型艺术颇有独到之处。

在清代（1644—1911年），盆景艺术更加丰富多彩，形式多样。不仅有文字的记载，还有文人墨客给盆景赋诗作词。最为后人传唱的是两首《小重山》词。这两首词咏的都是松树盆景，不但风韵清新，并且对松林的藏景配景及养护管理方法都进行了描述。康熙年间（1661—1722年）扶摇所著的《花镜》为一部园艺著作。在《课花十八法》里，有《种盆取

景法》一节，专门描述了盆景用树的特点和制作经验。李斗所著《扬州画舫录》一书中提到乾隆年间，扬州已有花树点景和山水点景的创作，并有制成瀑布的盆景。由于广筑园林和大兴盆景，彼时扬州，真可谓“家家有花园，户户养盆景”。当时苏州有一个名为“离幻”的和尚，擅长制作盆景，往往一副盆景就价值百金。当时认为露根的盆景才算是美的盆景。嘉庆年间，五溪苏灵著有《盆玩偶录》两卷，书中把盆景植物分为“四大家”“七贤”“十八学士”和“花草四雅”。

6. 盆景艺术的特性有哪些?

盆景艺术的特性主要有艺术性、世界性、概括性、综合性、整体性、季节性、多样性。

(1) 艺术性

艺术性是创作盆景的最基本要求。盆景的形式多种多样，造型更是千变万化，主要是看其艺术表现手法。表现手法首先要根据主题，主题的确立又重在立意，所谓“意在笔先”。盆景造型要具有艺术美，而内涵意境更要深远，使人们在欣赏的时候，不仅看到了景，而且通过景激发出感情，因景而产生联想，从而领略到景外的意境。如水旱盆景《归樵图》一景，徐晓白教授因景触情而赋诗一首：“小桥流水斜，深处有人家。远径归樵晚，无心间落花。”这就是盆景艺术的意境。盆景的艺术性还表现在“对比”的手法，对比有主客、高低、大小、远近、疏密、繁简、虚实、藏露、刚柔、巧拙以及色彩等内容，要求做到对比能调和，变化能统一，达到“平中求奇”和“不似之似”的境界。

(2) 世界性

盆景起源于中国，目前盆景艺术交流已经在世界范围内广泛开展，150 余个国家有盆景相关组织，并定期、不定期地开展盆景交流活动。1989 年成立的世界盆景友好联盟（WBFF）促进了世界各国盆景的交流，该联盟每四年举行一届大会，2013 年第七届大会在中国江苏金坛举行。

(3) 概括性

盆景艺术的高度概括性主要表现在它的造型特点上。“小中见大”“缩龙成寸”是盆景艺术的技巧，盆景艺术巧妙地应用“移天缩地、盆立大

干”的手法，展现出大自然的独特风采。盆景把它的自然美浓缩在咫尺盆钵中，树木虽然高不盈尺，却具有百尺之势，树干虬曲古奇，枝繁叶茂，令人叹为观止，给人以美的感受。

(4) 综合性

盆景艺术与其他很多艺术有关，它是集园林艺术、文学艺术、绘画艺术、书法艺术、雕塑艺术等于一身，具有诗的情趣、画的结构以及雕塑的技艺手法，被称为“无形的诗”“立体的画”“有生命的艺雕”。

(5) 整体性

盆景是“景、盆、架”三者有机结合的整体艺术品，所以创作构图时必须考虑整体艺术效果，同时还要体现文景结合、画龙点睛的艺术效果。只有“景、盆、架”这三位一体相互协调、相得益彰、相辅相成，才能表现出盆景艺术的最高欣赏境界。

(6) 季节性

盆景的素材来自于自然，尤其是植物盆景与园林一样，都是具有季节性的，具有“四维”的特点，是“四维”时空艺术。它既有“三维”空间的艺术造型，景色又随着季节的变化而变化。所以，盆景创作构图不是“二维”的平面构图，而是“四维”的时空构图，要考虑到季节的变化，具有季节性美感。

(7) 多样性

盆景的多样性体现在题材的多样性、形式的多样性、风格的多样性以及素材的多样性。

题材的多样性：我国地大物博，物产丰富，从南到北、由东到西的自然景色各异。用于盆景的表现题材也非常丰富，从名山大川到小桥流水，从山林野趣到田园风格都可以浓缩在盆钵中，给人以美的享受。

形式的多样性：盆景的种类多种多样，表现形式各异，各具特色。

风格的多样性：由于地理环境、风土人情、地域文化以及作者文化素养和性格的差异，盆景艺术又逐渐形成各种各样的风格，如个人风格、地方风格和盆景的艺术流派等。

素材的多样性：盆景的创作素材有很多，有植物材料、山石材料、盆钵、几架配件等。特别是植物材料更是资源丰富、种类繁多。

7. 中国盆景是怎么流传到海外的？

日本“唐风化”“宋风化”，使盆景从中国传向日本。

日本自绳文、弥生时代以来，从中国接受了先进的文化并加以发展，在公元 4 世纪前后建立起大和政权。此后，为了寻求治国之道，日本常向隋唐（589—907 年）派出使臣。使团中的正使随员、留学僧、留学生等从中国学习并带回去律令、宗教、思想、文物、习俗等，其中就包括学习唐代盆栽，因而在日本国历史上开创了飞鸟、白凤文化。从而，向往仰慕唐风和珍重唐人文物的风气开始。

日本从平安时代（794—1192 年）后期至镰仓时代（1185—1333 年）初期，与南宋每年有贸易船数十对互相往来，通过这些船舶海运，为日本的僧侣重源、觉阿、荣西等入宋学习提供了方便。此间，南宋文人的生活风尚，包括“盆玩”“盆山”“假山”也同时输入日本。当时，日本社会普遍追随南宋风俗，这是在以往由遣唐使发端已形成的“唐风化”基础上，由南宋高僧陆续东渡再度激发而形成的“宋风化”。日本镰仓时代有不少画卷保留下来，在这些画卷中已存在相当多的盆山画面就是物证。

日本的室町时代（1333—1467 年）大致相当于中国的明代前期，明代是中国盆景的又一个兴盛时期。恰好，此时也是日本的盆玩、盆石流行时期。

日本江户时代（1603—1867 年）中期，上层知识界全盘接受了中国“文房清玩、琴棋书画”的高雅的生活方式，以与谢芜村、池大雅等为代表的日本文人，把中国在明末刊行的雅游手册——《考槃馀事》和清初的《花镜》以及指导中国画入门的《芥子园画谱》等列为常备必读之书。作为文人“煎茶”席间的点缀品的盆景，日本俗称“文人植木”。在明治维新后，于东京发展成为一种正式流派，盆景的赏玩被看作对社会风尚具有教养陶冶作用的潮流。这一风气在盆景爱好者们的影响下，普及整个日本社会，盆景开始被当作一种专业经营，日本盆景事业趋向繁荣。

第二次世界大战后，西方对日本盆景的兴趣与关注度急剧上升，以致造成了一种错觉：西方人认为盆景是日本人传统固有的“适应自然”的艺术观表现。这完全是由于不了解中国盆景悠久历史和中国盆景传向日本的史实。

8. 盆景的作用是什么？

(1) 陶冶情趣，丰富生活

欣赏盆景可以提高人们的艺术修养，培养人们热爱大自然的情趣，丰富人们的精神生活。特别是与亲手培养出来的盆景朝夕相处，倍感亲切，趣味无穷。时而栽培，时而欣赏，既能感受到劳动的乐趣，又能受到艺术的熏陶。

(2) 改善人们的生活环境

盆景可以改善人们的生活环境：一方面，它能改善环境的艺术质量，它是立体画，室内放置一两盆盆景，其效果是不亚于挂上一两幅风景画的；另一方面，盆景对环境生态质量有着明显的改善作用，盆景中的绿色植物可以为居室制造氧气，增加空气湿度。

(3) 教育作用

盆景作为一门艺术，不仅可以对人们的思想情操起到感染和教育作用，还可以为社会主义精神文明建设服务。盆景还具有一定的普及科学知识和自然教育的功能：培育和欣赏盆景，可以识别植物种类，了解植物的生长习性以及栽培技术，增加对山石种类的识别知识，盆景是大自然美景的缩影，通过欣赏盆景可以了解大自然的名山大川等。

(4) 经济效益

苏州的一位盆景老艺术家说过："养花是银罐子，做盆景是金罐子。"这意味着盆景制作可以带来很高的经济效益。国内许多地方已经把盆景作为一种花卉产业的重要组成部分，作为一个独立产业，成为当地经济的支柱。如江苏如皋通过商品盆景出口带动一方经济发展，富阳万市通过发展盆景使当地农民快速致富。

(5) 增进国际友谊

我国的盆景多次参加世界性园艺展览并且斩获多项大奖，同时扩大了中国盆景在世界上的影响，也增进了同各国人民之间的友谊。中国是世界盆景友好联盟（WBFF）重要的一员，通过参加和举办大会交流与传播中国盆景艺术。

9. 盆景分类的方法有哪些？

盆景分类的方法较多，还没有一个严格的统一标准。盆景分类的方法主要有一级分类法、二级分类法、三级分类法和按规格分类法等。

(1) 一级分类法

周瘦鹃的《盆栽趣味》和崔友文的《中国盆景及其栽培》只有树桩盆景的分类，桩景分类只是根据造型样式分为若干式，国外的一些盆景专著多根据干形、干数分类。这都属于一级分类法。

(2) 二级分类法

20 世纪 70 年代后期，徐晓白在《盆景》中采用了二级分类法，根据取材把盆景分为树桩盆景、山水盆景两大类，再根据盆景样式分为若干式，简称“类～式”法。储椒生等在《杭州盆景资料选编》中，把盆景分为三大型、若干式，简称“型～式”法。陈思甫在《盆景桩头蟠扎技艺》中，把桩景分为规则类、自然类两大类，大类下又分为若干式。

(3) 三级分类法

潘传瑞在《成都盆景》中，采用“类～型～式”三级分类法比较系统，把盆景分为两类、五型、若干式。

(4) 按规格分类法

有些盆景专家是根据盆景规格的大小，将盆景分为特大型、大型、中型、小型、微型这五种。

山水盆景和树石盆景以盆的长度、树桩及石材高度来衡量盆景大小：特大型的为 150cm 以上，大型的为 80～150cm，中型的为 40～80cm，小型的为 10～40cm，微型的在 10cm 以下（5cm 以下有时被称为指上盆景）。树桩盆景以根部到树梢长度来衡量，方法与前类相同。

10. 盆景系统分类方法有哪些？

盆景系统分类方法主要有以下三种。

(1) 韦金笙系统分类法

根据中国盆景发展史和“中国盆景评比展览”展出的类型，为了方便展出和评比，按观赏载体和表现意境的不同形式，盆景可分为树木盆景、

竹草盆景、山水盆景、树石盆景、微型盆景和异型盆景六大类。

(2) 彭春生系统分类法

该分类法提出“类—亚类—型—亚型—式—号”六级分类系统，将中国盆景分为三类、若干亚类、五型、七亚型、若干式、五个号。

(3) 明军系统分类法

该分类法主要是将盆景分为六大类：树木盆景类、树石盆景类、山水盆景类、无树石盆景类、异型盆景类、其他类型。

如今，随着时代的进步和盆景事业的发展，人们根据造景的主要材料及其他基本要素，约定俗成地将盆景划分为树桩盆景（又称树木盆景）、山水盆景（又称水石盆景）、水旱盆景、微型盆景、异型盆景、附石盆景、花草盆景、挂壁盆景等。

11. 什么是树桩盆景?

(1) 树桩盆景的定义

把木本植物栽于盆中，经过修剪、蟠扎整形的艺术加工造型过程，以及精心的栽培技术管理，使它成为大自然古雅奇伟的树木缩影，这类盆景称为树桩盆景，简称桩景，也称树木盆景。

(2) 树桩盆景的特点

不同的树木种类，其取景的内容则千变万化，有的以露根、虬干取胜；有的以叶形、叶色见长；有的以花果取景。树姿则力求古朴、秀雅、苍劲、奇特，色彩要丰富，风韵要清秀，这是树桩盆景造型艺术的基本要求和技巧。

树桩盆景是大自然树木优美姿态的缩影，一般宜选取植株矮小、枝密叶细、形态古雅、寿命较长的树种为材料。盆栽后，再根据它们的生长特性和艺术要求，经过蟠扎、整枝、修剪、摘叶、摘芽等技术措施，创造出较之自然树姿更为优美多彩的艺术品。虽然高不盈尺，却具有曲干虬枝、古朴秀雅、翠叶荣茂、花果鲜美等特色。

树桩盆景着重表现树干、树冠、树根和枝叶、花果等整体姿态线条的构图美，有些树桩盆景能开出鲜艳美丽的花朵，尺度比例好，可以做成锦上添花的好作品。但不能因为追求花果而偏废姿态，如果植株姿态不好，就不能算是好作品，甚至不能称为盆景。所以，树桩盆景首先要着重姿态

造型，力求做到古朴秀雅，苍劲健茂，体形虽小而空间感觉却颇大，达到“藏参天复地之意于盈握间”的意境。

树桩盆景根据所用植物材料种类的不同，按照观赏特性的差异，分为松柏类、杂木类、叶木类、花木类、果木类、蔓木类等。根据树木的大小高矮，树桩盆景又可分成五种规格：高度或冠幅超过 150cm 为特大型，80～150cm 为大型，40～80cm 为中型，10～40cm 为小型，不足 10cm 为微型。中国台湾的分型规格标准又有不同：高度在 90～150cm 为特大型，75～90cm 为大型，30～75cm 为中型，10～30cm 为小型，10cm 以下称超迷你型，即微型盆景。

12. 树桩盆景通常有哪些形式?

各种树木种类所表现的景观千变万化，各具异趣。有的树形挺拔、苍劲健茂、古朴秀雅；有的悬根露爪、枝干虬曲、姿态苍老；有的叶形奇特、叶色秀美、以叶取胜；有的则繁花似锦、硕果累累、姹紫嫣红。树桩盆景千姿百态，形式各异，但归纳起来主要有以下形式：

(1) 直干式

主干直立或基本直立，不弯不曲，枝条分生横出，雄伟挺拔，层次分明，巍然屹立，体现出自然界古木参天的姿态。直干式树木盆景又可分为单干、双干和多干等形式，在我国岭南盆景中最为常见。直干式通常采用的树种有榔榆、朴树、雀梅、福建茶、九里香、榉、金钱松、云杉、五针松等。

(2) 斜干式

树木主干向一侧倾斜，主枝向主干反向伸出，枝条平展于盆外，使树形既富有动势，又不失均衡，具有山野老树姿态，枝条纵放，飘逸潇洒。适用于斜干式的树种很多，常用树种有五针松、罗汉松、榔榆、黄杨、福建茶、梅、贴梗海棠等。

(3) 卧干式

树木主干横卧于盆面，稍有弯曲，树冠枝条则昂然崛起，姿态古雅独特，如虬龙倒走之势。这种形式多表现自然山林中经雷击风刮、横卧土面的老树状态，大多野趣十足。常用树种有雀梅、榔榆、铺地柏、黄杨、枸杞、九里香等。

(4) 临水式

树木主干横出盆外，但不倒挂下垂，宛如临水之木，飘逸潇洒，颇具画意。临水也可看作斜干式的一种，只是主干倾斜的角度大，常常接近于横卧，同时无反向伸出的主枝。常用树种有雀梅、黑松、柽柳、黄杨、福建茶、罗汉松等。

(5) 悬崖式

树木主干虬曲下垂盆外，如自然界悬崖峭壁石隙间的苍松探海，古藤攀壁，临危不惧，刚强坚毅。主干下垂而枝叶向上，蓬勃发展，象征着处于逆境而奋发向上的顽强精神，颇具观赏魅力。其茎干悬挂的幅度很大，树梢超过盆底者，称为全悬崖；悬挂幅度较小，树梢不超过盆底者，为半悬崖。常用树种有黑松、五针松、罗汉松、铺地柏、雀梅、黄杨、凌霄、爬山虎、金银花等。

(6) 曲干式

树木主干盘曲向上，形如蛟龙，枝叶前后左右错落，层次分明。徽派、川派及扬派盆景常见此种形式。常用树种有梅花、紫薇、紫藤、桧柏、圆柏、五针松、罗汉松等。

(7) 合栽式

合栽式是指一盆之中有一株以上同种或不同种树木合栽。这种形式既可以表现自然界二三成丛的树木景象，也可以表示出疏林、密林、寒林等不同的山野森林风光。树木有直有曲，有正有斜，富于变化。常用树种有檵木、六月雪、雀梅、火棘、虎刺、金钱松、云杉、福建茶、五针松、红枫、观赏竹类等。

(8) 提根式

树木根部盘曲裸露在土外，或如蛟龙盘曲，或如鹰爪高悬，古特奇雅。这种形式是在翻盆时逐步将根系提升到盆面而形成。常用树种有榕树、榔榆、金雀、六月雪、迎春、雀梅、黄杨等。

(9) 垂枝式

树木的枝条下垂，俨如垂柳姿态，这种形式的树木主干以斜干和曲干为多。垂枝式主要表现自然界中垂枝树木迎风摇曳，潇洒飘逸的景象。常用树种有柽柳、迎春、金雀、枸杞、六月雪、垂枝梅、柳杉等。

(10) 附石式

树木根部附在石上生长，再沿石缝深入土中，或整个生长在石洞中。

附石式有旱附石和水附石两种，盆中盛土，配置附石树木，树木根部沿石缝深入土中，称为旱附石；盆中贮水，再放置附石树木，树木生长于石洞中，称为水附石。附石式主要表现自然界附石而生或生于山岩上的老树景象，有“龙爪抓石”之势，虚实相生，刚柔相济，古雅入画。常用树种有榔榆、三角枫、黑松、五针松、福建茶、圆柏等。

(11) 枯顶式

树木的主干已呈枯木状，树皮斑驳，露出穿洞蚀空的木质部，犹如枯峰，但还有部分树皮、枝干生机未断，发出新枝叶，有“枯木逢春”之意，颇具特色。常用树种有黄荆、榔榆、檵木、桧柏、紫薇、雀梅、银杏、黄杨、石榴等。

13. 什么是山水盆景?

以各种自然山石为主体材料，以大自然中的名山大川景象为范本，经过精选和切截、雕琢、拼接等技术加工，布置于浅口盆中，展现悬崖绝壁、险峰丘壑、翠峦碧涧等各种山水景象者，统称为山水盆景，又称水石盆景。山水盆景具有“一峰则太华千寻，一勺则江湖万里”的艺术特色。它小中见大，缩地千里，犹如一幅立体的山水画，其表现的意境及展现的时空性均非常深远。

山水盆景表现的是雄伟秀丽的山河，如五岳胜迹、黄山奇峰、桂林山水、长江三峡等名山大川。由于各种景色不一，采用的表现形式和手法也不同。山石置于浅口水盆中，盆中贮水，表现江、河、湖、海等有山有水的景物，称为水石盆景；在盆中盛土或沙，表现无水的天然山景，称为旱石盆景。山石上可种植株矮叶小的木本或草本植物，还可根据表现主题和题材的需要，安置各类盆景配件。

14. 山水盆景的形式有哪些?

可以制作山水盆景的石料种类十分丰富，根据其质地不同可分为硬石类和松石类。前者用石质地坚硬，多利用其天然的山形和皴纹，加工制作以切截、拼接为主；后者用石质地疏松，加工制作则以雕琢为主，但力求不显露人工痕迹。

山水盆景的表现形式丰富多样，综合起来大体上有以下几种形式：

(1) 独峰式

独峰式又名孤峰式、独秀式，多用来表现主题鲜明、景物集中的自然景色。具有孤峰突兀摩天，山势奇峭险峻，构图简洁清疏的特点。一般多采用正圆形盆或椭圆形盆。布局时不宜将山峰置于盆的正中或边缘，以免产生呆板和不稳重的状况。孤峰多不做配峰相衬，但也可以配置矮石或细小碎石做岛屿撒落在周围。山脚边可置平台，平台上可置配件。山脚水面上还可放亭台水榭与舟桥等配件，增加孤峰广阔的意境，使拔地而起的孤峰巍然矗立，景色壮观。

(2) 偏重式

偏重式多用来表现雄伟挺拔、峭壁千仞、奇峰摩空、气势磅礴的北国山河风光，具有线条刚直、形态雄浑、辽阔壮丽的特点。布局采用两组山石，分置盆的两端。偏重式多选用椭圆形盆或长方形盆。两座山峰的高低大小应有显著差别，一侧为主，另一侧为辅，高低明显，有所偏重。

(3) 开合式

基本形式是三组或三组以上山石，要求大致与偏重式布局相同。开合式多采用椭圆形盆或长方形盆。盆的左右各置一组山石，一主一次，忌高低大小相等，在两组山石后方的中间或略偏一侧，再置一组远山，远山的体量一般较前方两组小。山势多平缓延绵，山形变化较小，皴纹也较为平淡，形成远景。开合式的布局前开后合，近大远小，层次分明。

(4) 峡谷式

峡谷式又名峡江式，主要表现自然界江河峡谷的景色，如巴渝山峡雄伟险峻的山峰和气势磅礴的江水。具有重崖叠嶂、绝壁峭立、两山对峙、中贯江水的特点。峡谷式布局形式为两山相峙中夹一水，河流冲开峡谷奔腾汹涌而出，故两组山峰一高一低左右并立，隔江紧靠，可将主山一侧遮住，使峡谷水面呈 S 形弯曲，加强峡谷的深度感。峡谷水面的处理宜前宽后窄，以形成“天门中断楚江开”的气势。

(5) 倾斜式

倾斜式山水盆景的山峰重心都向一侧倾斜，危而不倒。座座山峰犹如呼啸而上的排浪，又似汹涌澎湃的急流，具有较强的动势感。主要特点是稳中有险，静中寓动。布局时，主峰紧靠盆一侧，其余山峰向另一侧逶迤连绵，并在山前面留出一定的水面，做到有疏有密。要掌握好山峰重心的

倾斜角度，倾斜过度，岌岌可危，给人以不稳的感觉；倾斜不足，又无势若飞腾的动感和效果。

(6) 悬崖式

悬崖式山水盆景雄浑险奇，富有动势，主要表现自然界的临水悬崖景色。具有山势险峻、峭峰悬崖、石壁陡挂、危不可攀、气势壮观的特点。布局多用两组山石，主峰呈明显的悬崖状，置于盆的一侧，山头向中间悬出一部分。为避免主峰出现岌岌可危、重心不稳的弊端，可将整个山体做成半月形状，即坡脚延伸方向和主峰斜出方向一致，坡脚起稳固陪衬作用，以达到主峰的视觉稳定。山坡顺主峰由高向低，起伏下降，山脚要曲折迂回。配峰客山不宜高，方能显出主峰悬崖气势磅礴。悬崖式多采用长方形盆或椭圆形盆。

(7) 散置式

散置式又名疏密式。此式布局形式自由，不拘一格，主要用来表现湖中群岛、海滨、山礁等自然景色。盆内山石多在三组以上，其中为主的一组山峰最高，体量最大，其他各组作为陪衬，山与山之间有聚有散，有疏有密，但要做到客不欺主，客随主行。盆内山峰一般都不高，山石一般有峰、有峦、有坡、有滩。水面则常常被割成几块，但多而不乱，散而有序。

(8) 群峰式

群峰式又名重叠式，主要表现重山复水、层峦叠嶂、群峰竞秀的自然景色。山峰较散置式要高，一般由多组山石组成，前后层次极为丰富，呈现出丛岭叠嶂、重重叠叠的自然景色。布局时，由于群峰式山峰较多，要分清主次，做到繁中求简，密中求疏以及露中有藏。山峰之间须高低参差，疏密适度，形态不一。由于群峰式布局中的水面一般较小，故还须处理好虚实关系，注意尽量留出一定比例的水面和山峰间的空白。

15. 什么是水旱盆景?

水旱盆景是以植物、山石、土、水、配件等为主要材料，通过加工、布局，采用山石隔开水土的方法，在浅口盆中表现自然界那种水面、旱地、树木、山石兼而有之的一种景观盆景。一般树木盆景难以表现水边树木的情趣，而山水盆景又只能将树木作为山石附属物的点缀，因此都有着

较大的局限性。而水旱盆景则集山水与树桩盆景之长，可以表现较为广泛的题材。从名山大川到小桥流水，从山林野趣到田园风光，如通过水面的处理，则可以表现不同的季节景色：春水涓涓、夏水横溢、秋水明远、冬水干涸。

16. 什么是微型盆景？

微型盆景体态微小，玲珑精巧，具旷野古木之态，呈名山大川之景，斗室之中，案头几架陈设极为适宜。一般树木盆景的高度在 10cm 以下，山水、水旱盆景的盆长不超过 10cm，即为微型盆景，其中最小者达到一只手上可置数盆，故又称“掌上盆景”。

微型盆景所表现的自然景色，较一般盆景更加浓缩，同时还必须不失盆景的本质特征，特别是生命特征。因此，在选材、造型、养护、管理以及陈设上均有特殊的要求。

微型盆景所用的树木材料一般要求枝细叶小、茎干低矮、盘曲多姿，如珍珠黄杨、六月雪、虎刺、铺地柏、圆柏、龙柏、平枝栒子、福建茶、金弹子、石榴、小檗以及小叶的观赏竹类等。山石材料则以英德石、斧劈石、海母石、浮石、砂积石等为多。盆钵的质地要精细古雅，有釉陶盆、紫砂陶盆、大理石盆等多种，均须小巧精致。有时还可选用便于雕刻的石料做成自然石板形，也别具特色。微型盆景中的配件以陶质或石刻为多。配置时须注意与盆中植物的大小比例关系。

17. 什么是异型盆景？

异型盆景是指将植物置于特殊的器皿里，并进行精心养护和造型加工，做成一种别有情趣的盆景。这种器皿可以是花瓶、茶壶、壶盖、笔筒等实用器皿，以至多种陶瓷工艺品。树木与器皿在造型、色彩等方面相辅相成，具有有机的联系。

异型盆景一般体量不太大，植物材料可以用五针松、黑松、小叶罗汉松、圆柏、榔榆、雀梅、常春藤、迎春、金雀、黄杨、扶芳藤、爬山虎、小叶女贞、观赏竹类等。

异型盆景的造型贵在顺其自然，不拘一格。一般根据植物材料及器皿

的特点，因势利导，无任何程序。制作时，须注意所用植物与器皿在大小上相匹配，植物与器皿的比例要相称。如植物过大，器皿过小，会有头重脚轻不稳之感；反之，如植物过小，器皿过大，会出现主次不分、喧宾夺主现象。

18. 什么是花草盆景？

花草盆景以花草或木本的花卉为主要材料，经过一定的修饰加工，适当配置山石和点缀配件，在盆中表现自然界优美的花草景色。它既不同于以观赏树姿为主的树木盆景，也有别于一般未经艺术处理的花草盆栽；既要突出名花芳草的观赏价值，又要着意盆景造型的优美。

制作花草盆景一般以草本花卉为多，如兰花、菊花、菖蒲、碗莲、文竹、水仙、鸢尾、万年青等；也可以用木本花卉，如月季、牡丹、杜鹃、山茶等。

花草盆景中的配石较为重要，其选用可根据植物材料而定。一般大花大叶的植物材料，如牡丹、菊花、月季等，所配山石以石形奇特、玲珑剔透的假山型为多，是中国花鸟画中常见的形式。可选英德石、太湖石、灵璧石等具有天然形状的硬质石料，也可用砂积石、浮石等松质石料雕琢成所需要的形态。对于小花小叶的植物材料，则可选用真山型的山石相配，以表现山花烂漫的景象。

19. 什么是挂壁盆景？

挂壁盆景是将一般盆景与贝雕、挂屏等工艺品相结合而产生的一种创新形式。挂壁盆景可分两大类：一类以山石为主体，称山水挂壁盆景；另一类以花木为主体，称花木挂壁盆景。挂壁盆景可垂直挂在墙上，或用支架直立于桌上，它与一般盆景的主要区别就在于此。这种形式别致新颖，尤其适于作为墙壁装饰。

挂壁盆景大多以山水为主，其布局较一般山水盆景有一定区别，特别在取景、构图以及透视处理上，均接近于山水画。盆可选用浅口的凿石盆、紫砂盆、瓷盘或大理石平板等。石料可用松质，也可用硬质。加工的主要工序是将石料切割成薄片，胶合在平石板或盆上，有浮雕的效果。山

形轮廓不够完美的部分可进行雕琢和打磨。如是软石，则还需加工峰峦表面的皱褶纹理。在山石与石板之间留下一些间隙，栽种小叶植物，使作品成为一幅“有生命的画”。

树木挂壁盆景可选择造型良好的树木栽种在“半盆”中，镶嵌在大理石平板一类的材料上，挂在墙上欣赏。其树木的造型与一般树木盆景类似，但以悬崖式为好，更能表现树木挂壁盆景的神韵。挂壁盆景的题名与中国画相似，它须将题名、印章直接刻写在景观画面中，故须注意文字大小、字体、位置等，要与景观融会贯通，相得益彰，才耐人寻味。

20. 什么是盆景的风格？

盆景的风格是指盆景艺术家在创作中所表现出来的艺术特色和创作个性。盆景的风格主要是体现在盆景作品内容与形式的诸要素之中，而不是单单体现在作品的形式上。作品的内容与形式的诸要素主要包括树种、石种、造型、意境、技法、栽培管理技术、盆、架等。欣赏某个或者某些盆景的风格，其实就是看它们在这些方面是不是有特色、有个性。如果有特色就叫风格，如果没有形成一定的特色或者特色不明显就只是一般化。盆景的风格是在一定的历史时期和特定的环境条件下逐渐形成的，并且会随着时间的变化而不断变化。

21. 什么是盆景的个人风格？

盆景的个人风格是指某个盆景艺术家在其作品的内容和形式的诸多要素中所表现出来的艺术特色和创造个性。而从本质上说，盆景的个人风格在很大程度上是来自于盆景制作者本人的个性特点。不同的人有不同的个性特点，因此在制作的作品中可以彰显不同的特色，或粗犷或细腻，或自然或规则，或清秀或雄伟，造就了各种不同的个人风格，如赵庆泉的水旱盆景、贺淦荪的动势盆景等。

22. 什么是盆景的地方风格？

盆景的地方风格是指某一地域的盆景艺术家们在盆景作品的内容和形

式等诸多要素中所表现出来的艺术特色和创作个性。不同地域的盆景艺术家们，在盆景制作过程中，树种的选择、造型特色、表现题材、立意境界、造型技法、栽培管理技术以及选用石种、盆、架、配件等方面各有不同或者各具特点，这就形成了盆景作品的各种地方风格。

盆景的树种应具有地方特色，如扬州的黄杨、雀舌罗汉松，苏州的三角枫、石榴，四川的金弹子、黄桷树，岭南的九里香、榕树等。

23. 盆景流派是如何形成的?

盆景的流派就是指各地区根据不同风格、不同追求和不同的构思方法形成的，具有某一地域特性的、比较成熟的艺术形式。盆景流派是在特定环境条件下形成的一种盆景艺术现象，是在盆景的个人风格、地方风格基础上发展起来的。随着时间的推移和时代的前进，盆景的个人风格、地方风格在内容和形式上日趋成熟、升华，并有量的扩大，盆景诸要素在某一区域内程序化，于是形成了盆景的艺术流派。流派的形成是某区域盆景艺术成熟的重要标志，同时也体现了中国盆景的民族风格。

由于我国幅员辽阔，各地的气候条件、植物资源、山石种类、风土人情，以及文化熏陶的不同，作为造型艺术的盆景，在它漫长的发展过程中，经各地的历代民间艺人和盆景爱好者的精心培育和不断创新，形成了各自的地方色彩和独特的风格，因而产生了流派。

24. 我国盆景主要有哪些流派?

中国盆景艺术流派的命名大多是以地区来划分，如上海为海派、扬州为扬派、苏州为苏派、四川为川派、安徽为徽派、岭南为岭南派、浙江为浙派等。但是任何流派都是自然产生和发展的，可以根据各地区的特点形成和创新流派，同时也可以汲取其他地区的艺术造型、特点、风格来进行创作，使盆景艺术文化博采众长，敢于创新，从而带动盆景事业的繁荣和发展。

目前中国盆景的主要流派有苏派、扬派、岭南派、海派、川派、浙派、通派、徽派等，此外还有京派、中州派、闽派、滇派等。

国内不少人根据上述四项标准，把扬派、苏派、川派、岭南派和海派

称为中国盆景的五大流派。有人认为这五大流派虽是主要流派，但并不能概括全国的流派，还应有浙派、徽派、广西派、福建派等。也有人认为这五大流派，即使加上浙派、徽派、广西派、福建派，仍难免有重南轻北之嫌，如辽宁的木化石盆景，丹东的树蔸杜鹃盆景，天津的山水盆景，以及北京的桂桩盆景，山东各地的屏风式树桩盆景，都可以作为流派或流派的一个分支。

我国桩景的流派众多，主要以岭南派、川派、苏派、扬派、海派、浙派为代表。岭南派挺茂，飘逸豪放；川派虬曲多姿，苍古雄奇；苏派老干虬枝，清秀古雅；扬派层次分明，严整平稳；海派屈伸自如，雄健精巧；浙派高干合栽，刚劲有力。

25. 苏派盆景的艺术特色是什么？

苏派盆景是指产生于长江以南，如无锡、常州、苏州等地，以苏州命名的盆景艺术流派，其艺术特色是老干虬枝，清秀古雅。大多取老树桩为树坯，树材虽然不高但栽培得苍古拙朴、老而弥坚，生机勃勃。在制作上细腻、精致、典雅、绮丽，并讲究景中含诗，情中有韵。盆景修剪得似“云片朵朵”，枝片茂密丰满，层次参差错落，别有情趣。

它最有代表性的艺术特色就是“六台三托一顶”。所谓“六台三托一顶”，就是在直立而微曲的树干上，左右两边各扎成 3 个圆片，这样两边共有 6 个圆片，这就叫作“六台”；再在树干后面，上下扎成 3 个圆片，这就叫“三托”；最后在树冠顶端再扎成一个圆片，这就叫作“一顶”。这样整个一棵树，总共是 10 片，乃为“十全”；以圆片为美，10 个圆片为“十美”，加起来就叫“十全十美”。

苏派树桩盆景的常用树种有黑松、黄山松、圆柏、龙柏、雀梅、榔榆、黄杨、三角枫、石榴等。

苏派山水盆景也颇多古人画意，富有浓郁的诗情，布局简练，章法严谨，生动地再现了江南风光。常用的石材有斧劈石、昆山白石、太湖石、英德石等。改革开放以来，随着各派之间的交流渐多，苏派盆景也引进了其他石材品种。

26. 扬派盆景的艺术特色是什么？

扬派盆景是指产生于扬州、泰州、兴化、高邮、南通、如皋、盐城等地，以扬州命名的盆景艺术流派，又称苏北派盆景。扬派盆景中最具代表性的艺术特色是“云片”“一寸三弯”。所谓“云片”，就是要把每一条枝干上的许多枝杈都用棕丝扎得薄而平，当然是越薄越见作者的功底之深，要平得置盘水于其上，而不溢水于其外；其片数不定，视树的大小而定，大多以奇数为准。所谓“一寸三弯”，就是要做到枝无寸直的境地，每一寸长的枝杈上要用棕丝扎缚成 3 个弯势。

扬派树桩盆景要求“桩必古老，以久为贵；片必平整，以功为贵”。在造型技法上同川派蟠扎技艺相似之处，用棕丝蟠扎，精扎细剪，单是棕法就有 11 种之多（扬、底、撇、靠、挥、拌、乎、套、吊、连、缝）。云片要求距离相等，剪扎平正，片与片之间严禁重复或平行，观之层次清楚，生动自然。云片大小观树桩大小而定，大者如缸口，小者如碗口，一至三层的称“台式”，三层以上的称“巧云式”。为了使云片平正有力，片内每根枝条都弯曲成蛇形，即“一寸三弯”。现在采用“寸结寸弯鸡爪翅”技法，即每隔一寸打一个结，主枝像鸡翅，分枝像鸡爪，比传统的“一寸三”简易多了。与云片相适应的树桩主干，大多蟠扎成螺旋弯曲状，势若游龙，变幻莫测，气韵生动，舒卷自如，惯称“游龙弯”。云片放在弯的凸出部位，疏密有致，葱翠欲滴，与主干形成鲜明的对比，同时显示出苍古与清秀。“疙瘩式”是扬派盆景在树桩造型上的又一种形式，制作必须从树木幼小时开始，即在主干基部打一个或数个死结，或绕一个或数个圆圈，成疙瘩状，显得奇特别致，可分为“单疙瘩”“双疙瘩”“多疙瘩”。

扬派山水盆景以平远式为主，蕴涵着“潮平两岸阔，风正一帆悬”的江南情致。

扬派树桩盆景的常用树种有黑松、黄山松、圆柏、榔榆、黄杨（瓜子黄杨）、五针松、罗汉松、六月雪、银杏、碧桃、石榴、梅、山茶等。扬派山水盆景除用本地出产的斧劈石外，还使用砂积石、芦管石、英德石等。

27. 川派盆景的艺术特色是什么?

川派盆景是以四川省名来命名的盆景艺术流派，它采用传统的棕丝蟠扎法，借助“弯”“拐”造型，形成树身的扭曲，选用“掉拐法”“滚龙抱柱法”“大弯垂枝法”等多种艺术造型，取法自然，形式自由，不拘格律，讲究自然美与艺术美的统一。

四川古称巴蜀。唐朝贞观元年（627 年）设置剑南道，所以过去也把川派盆景称为“剑南盆景”。唐玄宗以后，州治改在益州，就是今天的成都市，其所管辖的范围不仅限于四川，而且还包括云南、贵州的部分地区。

川派盆景艺术的发展，经历了一个在造型上从简到繁，再从繁到简的过程，前一个“简”是简单，后一个“简”是简练。同其他盆景流派一样，川派盆景根据“树姿近画”的造型原理，先有自然类，后来经过模仿老树的姿态和变化，不断总结出了表现这种姿态和变化的技法规律，通过历代盆景艺术家的创造和完善，最后归纳为 10 种身法和 3 式、5 型。

川派规则式的桩景按其传统的蟠扎技艺造型，有一定的规律，名目繁多，不胜枚举。它们的主干和侧枝自幼用棕丝按不同格式作各种角度、各个方向的弯曲，注重立体空间的构图，造型难度较大。干形的格式大致有“滚龙抱柱”“对拐”“方拐”“掉拐”“三弯九倒拐”“大弯垂枝”“直身加冕”“接弯掉拐”“老妇梳妆”“综合法”10 种；蟠枝方法又有平枝、滚枝、半平半滚之别，不同主干的造型与多种蟠枝方法交互运用，形式多样，树形雄伟端庄。

迄今为止，四川的树桩蟠扎无论是何种形式，基本上都没有越出这一时期所形成并广泛采用的技法和造型规则。清末民初，成都和各县的著名蟠扎艺人有 60 余人，其中最著名的有窦禹朋、陈洪顺、张彬如、陈玉山、戴开弟、戴崇光、龚音如、李洪泰、纪成久等。到了 20 世纪 40 年代，自然类树桩盆景重新抬头，但在蟠扎技法上与规律类大致相同，除悬崖式外，一些自然类桩头的造型几乎是一种偶然的“机缘”。陈思甫的父亲陈玉山就常用一些枝条残缺、不适合制作规律类盆景的树坯，顺势加工为自然类。其后李忠玉及邱开春、王明文等发展了自然类，逐渐成为今天川派树桩盆景的两大主要类型之一。

川派山水盆景虽然远在两宋已见端倪，尤其是在安岳县圆觉洞和大足县大佛湾摩崖造像中，飞天与传女手托的山万盆景，已与今天的浅水山水盆景十分相似，但因明、清盆景向树桩倾斜，直到 20 世纪四五十年代，才由一批园艺家、画家、盆景“玩家”亲密合作，使之成熟。

四川民间有“盆树无根如插木”的谚语，可见其桩景特别强调根部的处理，盆中树木多悬根露爪，注意盘根错节的造型。自然式的盆景常用竹子做素材，与石相配，别有情趣。

总的说来，川派盆景的艺术风格为：树桩盆景以古朴严谨，虬曲多姿为特色；山水盆景则以气势雄伟取胜，高、悬、陡、深，典型地表现了巴山蜀水的自然风貌。

由于得天独厚的自然条件，川派树桩盆景一般选用金弹子、六月雪、罗汉松、银杏、紫薇、贴梗海棠、梅花、火棘、茶花、杜鹃等；山水盆景以砂片石、钟乳石、云母石、砂积石、龟纹石，以及新开发的品种为制作石材。

28. 岭南派盆景的艺术特色是什么?

岭南派盆景的主要特色是挺茂自然，飘逸豪放，其采用“蓄枝截干”的独特技法，当枝干长到一定的粗度后进行强剪，其典型造型式样有扶疏挺秀的高耸感、飘逸豪放的潇洒感、依石而生的抱石感，其构图活泼多样、野趣天然。常用树种有榆树、朴树、福建茶、罗汉松、九里香、三角梅等。

岭南派盆景艺术风格的真正形成则是 20 世纪 30 年代以后的事。传统的广东盆景，形似北派的“游龙弯”式，树干蛇行直立，左右垂臂横出，作五托或七托，树顶扁平，称“古树”，又叫“将军树”，这种盆景很费功夫，一般需要三四十年才能成型。

到了 19 世纪末，随着社会的变革，文化艺术的发展，特别是受到岭南画派的影响，一部分广东画家既善于绘事，又爱玩盆景，在盆景造型上进行了大胆改革，以画意为本，逐步扩大树种范围，成为当令岭南盆景的雏形。岭南派桩景在形成过程中受到岭南画派的影响，旁及王石谷、王时敏的树法及宋元花鸟画的技法，创造了以“蓄枝截干”为主的独特的折枝法构图。

20 世纪 30 年代以后，广东盆景分为三个流派：

一是以盆景艺术家孔泰初为首的一派，树形苍劲浑厚，树冠秀茂稠密，构图严谨，表现旷野古木的风姿。

二是以广州三元宫道士为首的一派，主要利用将要枯死的树桩作材料，经过精心培育，从某一部分长出新芽，以潇洒流畅为贵。模仿自然界林木的千姿百态，构图活泼多样，野趣天然，虚实对比明显，作风豪放，有的盆景大有宛若游龙或翩若惊鸿的神态。

三是以广州海幢寺的素仁和尚为首的一派，扶疏挺拔，兀立云霄，枝托虽少而不觉空虚，含蓄简括，高雅自然，有郑板桥“冗繁削尽留清瘦”“一枝一叶总关情”的诗意。以素仁为代表的作品，有单干也有双干，树形扶疏挺拔似古木兀立云端，分枝少，枝长不等，枝与枝不相纠结，叶与叶不重叠，含蓄简括，高雅洒脱，构图虽疏不散，似虚而实，枝干比例优美和谐，意境如诗如画。

新中国成立后，由孔泰初担任技术指导的广州盆景协会，以西苑为研究基地，将三个流派的优点集中起来，融为一体而成为完整、独特的岭南派，使岭南盆景的艺术造型更加变幻莫测，千姿百态，诸如秀茂雄奇的大树型、扶疏挺拔的高耸型、野趣横生的天然型、干矮叶密的叠翠型等。就总的艺术风格而言，可以概括为 8 个字：雄浑苍劲，流畅自然。

常用树种主要有九里香、福建茶、榔榆、雀梅、榕树、黄杨、罗汉松、五针松、杜鹃、水栀子、梅、银杏等。

山水盆景虽非岭南派所长，但也有相当的成就，主要表现南国山明秀丽的自然风光，不乏危岩奇峰，高峡深谷，富于岭南画风。常用石材有英德石、砂积石、芦管石、浮石、海母石（珊瑚石）、钟乳石等。

29. 海派盆景的艺术特色是什么？

上海的盆景艺术已有 400 余年历史。明朝隆庆、万历年间（1567—1620 年），上海嘉定地区的盆景已具有当时的较高水平。在明朝王鸣韶的《嘉定三艺人传》、陆廷灿的《南村随笔》，清朝程庭鹭的《练水画征录》等著作中，均有关于盆景的记述。

海派盆景不拘一格，不受任何程序限制，但在布局上非常强调主题性、层次性和多变性，在制作过程中力求体现山林野趣，重视自然界古树

的形态和树种的个性，因势利导，按照国画理论要求，努力使之神形兼备。虽然也同所有北派一样，讲究枝片造型，但枝片不但数量较多，没有固定规格，而且大小不等，形状各异，疏密相间，聚散自由，以欣欣向荣为首要目标。因此，在技法上另辟蹊径，扎剪并重，不用棕丝而用金属丝缠绕枝干进行弯曲造型，而后细修细剪，以保持优美形态，刚柔相济，流畅自然。

海派的桩景采用金属丝扎缚枝干进行弯曲和逐年细致修剪的方法整形，成形后枝干屈伸自如，线条明快流畅。海派桩景枝叶分布不拘格律、形态自然，浑厚苍劲、矫捷奔放，在咫尺间再现了泰山、黄山苍松翠柏的神采。同时在整形的过程中还因树制宜，根据各种树木的特征、神态、树胚的形状因势利导，“自成天然之趣，不烦人事之工”，尽力避免矫揉造作、呆板失真之弊。

海派的桩景树种丰富，达100余种，而以罗汉松、五针松、黑松、圆柏等松柏类为主。

海派山水盆景有两大类型：其一是用硬质山石表现近景，盆内奇峰峻峭，林木葱茏；其二是用海母石、浮石等软质石材，细致雕琢出山纹石理，种上小树，以表现平远、深远的意境。不过，这两种类型的山水盆景，就其总的风格而言，都比较辽阔，“孤帆远影碧空尽，唯见长江天际流”，无疑是地域环境在盆景艺术家心灵上刻下的印记，体现出冲积平原的地域特色。

30. 浙派盆景的艺术特色是什么？

按传统划分，杭州一带的盆景属江南派，采用棕丝和金属丝蟠扎与细修精剪相结合的造型技法，逐步形成有别于江南其他各派的艺术风格：以松、柏为主，尤其是五针松，继承宋、明以来“高干”“合栽”为造型基调的写意传统，薄片结扎，层次分明。擅长直干或三五株栽于一盆，以表现莽莽丛林的特殊艺术效果。对柏类的主干进行适度的扭曲，剥去树皮，以表现苍古意趣，并且善于用枯干枯枝与密的枝叶相映生辉，大有似入林荫深处，令人六月忘暑的妙境。树种除松、柏外，还有其他杂木类和观花、观果、观叶类共100余种。

以杭州、温州两地为中心的浙派盆景历史悠久。宋朝吴自牧的《梦粱

录》中就曾写道："钱塘门外溜水桥、东西马塍诸园皆植怪松异桧，四时奇花。精巧窠儿多为蟠龙、飞禽、走兽之状。"说明当时的树桩盆景在造型上已有相当高的水平。宋朝王十朋的《岩松记》、明朝浙江人屠隆的《考槃馀事》、清朝杭州人陈淏子的《花镜》等著作中，都有关于盆景艺术的记述，并且特别强调以画意诗情入景。如《考槃馀事》在《盆玩笺》中就以天目松为例，描绘其"结为马远之欹斜诘曲，郭熙之露项攫拿，刘松年之偃亚层叠，盛子昭之拖拽轩翥等状"。

另外，浙江盆景中的台州梅桩盆景造型也非常有特色，在国内外颇具名气，成了浙派盆景中的重要组成部分。

31. 通派盆景的艺术特色是什么？

南通、如皋的"两弯半"在盆景造型中颇负盛名。"两弯半"大多见于罗汉松的造型，是将罗汉松的树干弯曲成"S"形，再在"S"形的树干左右前后错乱成片，其主干左弯右曲，先仰后倾，回旋上升。第一弯即低弯，弯度稍大，并带后仰状，呈坐地之势，故名座地弯；第二弯的弯度可小些，复欲前倾，如同抱驼之势，故称抱驼弯；第三弯只有半弯。主干第一个片干为起手干，位于第一个弯上，第二个片干为出手干，位于第二个弯上，前者短，后者长，其余为陪衬干。各片干交错排列，层次分明，疏密匀称，故通派盆景有"云头、雨脚、美人腰"之称。

一盆完美的传统通派盆景，要达到姿（形态）、势（树枝所向）、神（神韵）齐备，近看左倚右倾，顶部端正，主干苍劲古朴，背看片干层次分明，庄重丰满，侧看潇洒自然。

通派盆景的特点如下：

一是取材精炼。就以传统通派盆景而言，一般选用"满、残、清、奇、古"之树。常用树种有罗汉松、五针松、白皮黄杨、六月雪等。其中尤以常绿尖短小叶罗汉松为主。此松节短叶细，形似麻雀舌，故俗称"雀舌松"，是我国树桩盆景中的稀有珍品。

二是造型严谨。"两弯半"盆景其造型结构由"座地弯""第二弯""半弯"组成，主干自然向上弯曲，座地弯苍劲有力，第二弯为出水蛟龙，半弯如神龙探首。主干两侧，片干丰满，疏影有致，错落有序，而顶部出枝有势，轩昂端正，整个造型结构严谨、气势磅礴，犹如一只神态威武的坐狮，整株形态高低起伏，层次分明，片面丰满，以姿态、气势、意境、神韵齐备者为上品。

三是工艺精细。通派盆景十分讲究形神之兼备，使自然美和艺术美紧密结合。其剪扎技法精湛细腻，油棕捻绳，有条不紊，颇具诀窍。传统的棕法有头棕、躺棕、竖棕、仰棕、拢棕、悬棕、平棕、带棕、勾棕等10余种，视不同的树种、树干、树枝选用。

四是摆设讲究。“两弯半”盆景规则造型的风格和特点在通派盆景相同对称的特殊摆设中体现出来。摆设时一般以对为组，亦有逢奇数向上成组的，称为“堂”。成“堂”者，往往庄严健秀，故为历代盆玩者青睐。

通派盆景以其风格庄严雄伟、姿态威武健秀、气势挺拔强劲，与苏派盆景、扬派盆景鼎足于大江南北，是中国盆景艺苑中的重要组成部分。

32. 徽派盆景的艺术特色是什么？

徽派盆景主要集中在安徽省南部的黄山市，以身处名山大川之中的古木为创作素材，以苍老、古朴、雄浑、奇特见长。其造型形式有规则式和自然式两种。其造型方法也别具一格，从植物幼小时就开始培养，蠕曲用棕皮包裹。运用“粗扎粗剪”方法进行虬扎，树态造型追求“游龙弯”“磨盘弯”。黄山古松附石式盆景柔中含刚，静中藏动，惟妙惟肖，引人入胜。

徽派盆景是以古徽州命名的盆景艺术流派，以歙县卖花渔村的盆景为代表，还包括绩溪、休宁、黟县等地的盆景。徽州地处新安江上游的黄山与白岳之间，这里山清水秀，气候温和，资源极为丰富。自南宋建都临安(今浙江省杭州市)，徽州即以其优越的地理位置，经济、文化都得到了迅速的发展，盆景艺术也为了满足富商大贾、达官显宦的需要而得到与之相适应的发展。

早在唐朝，卖花渔村的花农就开始培育花木盆景。据《洪氏世谱》记载：乾符六年（879年），村里有位名叫洪必信、号梅窗处士的人，“嗜书史，善吟咏，尝居于有建小楼数楹，植梅于前，作梅百韵以自悦”。徽派盆景风格独特，形式多样，造型技法受扬、苏、沪诸派影响，以古傲苍劲、奇峭多姿为主要特色，尤以梅最为著名，称为“徽梅”，品种有红梅、二红、骨里红、绿导、玉蝶、素白、台阁，台阁又分为银

红台阁与香花台阁等。

徽派盆景在造型上分为规则类与自然类，规则类主要有“游龙式”“扭旋式”“三台式”“屏风式”“疙瘩式”等。自然类则师法造化和表现画意，不拘一格，匠心独运，具有鲜明的地域个性。改革开放以来，徽派树桩盆景，尤以梅桩盆景在造型上更趋自然。其山水盆景以平远式为基调，山不高而秀，水不深而阔，白帆点点，波光粼粼，好一幅“秋水共长天一色”的江南图画。

33. 盆景四大家、七贤、十八学士、花草四雅分别是哪些植物？

明清时代，我国赏玩盆景之风已经很兴盛，所用植物品种也很丰富。同时，这段时期也陆续出现了不少有关盆景的著述。清代嘉庆年间，五溪苏灵著有《盆景偶录》两卷，将盆景植物分为四大家、七贤、十八学士、花草四雅。

四大家：金雀、黄杨、迎春、绒针柏。

七贤：黄山松、缨珞柏、榆、枫、冬青、银杏、雀梅。

十八学士：梅、桃、虎刺、吉庆、枸杞、杜鹃、翠柏、木瓜、蜡梅、天竹、山茶、罗汉松、西府海棠、凤尾竹、紫薇、石榴、六月雪、栀子花。

花草四雅：兰、菊、水仙、菖蒲。

34. 盆景创作与盆景构图指什么？它们之间的关系是什么？

（1）盆景创作

盆景是栽培技术和造型艺术的结晶，也是自然美和艺术美的有机结合。它源于自然却高于自然，顺乎自然之理而巧夺自然之工。盆景创作是盆景艺术家形成盆景艺术形象的活动过程，创作的结果是艺术形象变为具体的作品。

盆景艺术的创作和绘画、造园、雕塑等艺术一样，是一种最少固定、最多例外，最少常见、最多变化的精神劳动。盆景艺术作品包含着盆景艺术家的想象、主观激情、形象思维力、创造力和概括力。中国盆景遵循一定的艺术创作原则，灵活运用各种艺术表现手法，再现大自然“鬼斧神

工”的奇丽景色。许多优秀作品意境深远，耐人寻味，使人百看不厌，心旷神怡。

（2）盆景构图

盆景构图是指将各种素材组合、加工和布置于盆域内，并配以协调的几架，以获得最佳的景观艺术效果，也就是把各种景物素材融合起来的方法。盆景艺术构图的目的在于更好地表现盆景的主题思想，并取得具体完美的作品形象。

构图的过程也是构思的发展和深化过程。艺术家通过对生活的感受，美的捕捉，认识、评价和主观的想象以及艺术上的锤炼、创新等，把自然界粗糙的、不完美的素材，经过升华成为具有艺术感染力的作品。

构图是盆景创作者进入了将“内视形象”或者说是“情感意象”（国画中则称“胸有成竹”）转化形成可使用的预备草图阶段（即构图阶段）。这一步工作通常是用素描稿来完成的，但也可用剪影布局或进行模型布置。

（3）创作与构图的关系

盆景创作离不开盆景构图，构图为创作服务，是创作活动的一部分，是作品创作是否成功的重要因素之一。盆景艺术家的创作活动就是通过构思、立意和构图等富有创造表现力的形式，创作出优秀的艺术作品的过程。

35. 盆景艺术构图原理是什么？

（1）统一与变化

所谓“统一”是指盆景中各个组成部分之间的内在联系，即相同或相似之处。一件成功的盆景造型，在于能够将许多不同的构成部分取得统一，即将繁杂的变化转化为高度的统一。只有这样才能形成一个和谐的艺术整体。盆景创作不仅要有统一感，还应在形态、动势、色质、情趣以及关系等方面有所变化。所谓“变化”则是各个组成部分之间的区别和多样性的艺术表现。变化会使作品显得生动活泼，从而更具生命力。

（2）均衡与稳定

盆景艺术作品都是由一定体量的不同素材组成的景物实体，这种实体会给人以一定的体量感、重量感和质感。人们习惯上要求景物造型布

局完整、和谐，在力学上要有均衡性和稳定感。盆景创作除动势造景外，一般都力求均衡。景物各部分之间有一个共同的中心，称“均衡中心”，各部分景物都受这个“均衡中心”控制。任何景物一旦脱离了这个中心，整个景物造型都会失去均衡，也就会使人产生不稳定感或危机感。

均衡分为对称式均衡和不对称式均衡。对称式均衡构图的盆景具有明显的对称轴线，各组成部分一一对应布置于轴线两侧，具有整齐、严肃、庄重之感。如四川盆景中传统规则造型形式“对拐”和“方拐”就是采用的对称式均衡构图。但对称式均衡容易使整体效果较为呆板，且人工味过浓，所以在大多数情况下，盆景创作采用不对称式均衡构图，显得更为自然、生动、活泼，真正体现出自然美。如山水盆景中的偏重式、开合式，树桩盆景中的丛林式等就是采用的不对称式均衡构图。在盆景造型中构成均衡的常用手法有用配件构成均衡、用盆钵与景物构成均衡、用树木姿态形成均衡、综合均衡等。

(3) 比例与尺度

盆景中的山石、植物、水体、盆钵、配件、几架等各要素之间具有一定的比例和尺寸关系，这种关系直接影响盆景构图和造景的艺术效果。

盆景比例是指组成盆景的各要素之间、要素与整体之间所存在的长、宽、高的变化规律，也就是盆景所占空间的变化规律。景物的高与宽比例不同，给人的视觉感受是不相同的。如比例为 1∶1 时，具有端正感；为 1∶1.618 时具有轻快感；为 1∶2 时具有俊俏感；为 1∶2.236 时具有向上感等。正确的比例关系，就是要符合逻辑，符合人们视觉上、经验上的审美概念。在确定景物比例时，通常采用中国画论中的“丈山、尺树、寸马、分人”的大致比例。基于微观造景的特点，比例有时还会适度夸张。

盆景尺度是指构成景物整体或局部的大小与人体高矮、活动空间大小的度量关系，也就是人们习惯的某些特定标准。人们对景物所产生的“大”或“小”的感觉，就是尺度感。尺度类型不同，感觉效果也不一样。尺度常分三种类型，即自然尺度、夸张尺度和亲切尺度。盆景作品的不同规格体现出不同的尺度效果。大型和巨型盆景采用的是夸张尺度，具有雄伟、壮观的气势；中小型盆景采用的是自然尺度，具有自然性、舒适性；微型盆景则采用的是亲切尺度，具有亲切、趣味之感。

(4) 视觉与空间

①视觉

盆景艺术是一种视觉艺术。视觉规律对盆景创作十分重要，构图时常用的有视觉诱导、视觉平衡和视觉焦点。视觉诱导就是作者通过构图设计来调动观赏者的注意力，也就是吸引观赏者的视线，使观赏者有浓厚的兴趣来观察作品所表现的一切，并能正确地理解其主题思想。在盆景中有主、宾和衬景之分，这些景物的合理组合实际上就是视觉诱导的顺序，构成符合自然情理的视觉路线。只有合理精彩的视觉构图和娴熟的技艺，才能使作品达到令人“神游”的意境。

在盆景构图中，凡是采用三个以上的物体，都有视觉平衡的问题。视觉的平衡实际上也就是均衡与稳定。视觉焦点是人的视觉所集中的地方。它可能是点，也可能是线或其他形状的景物。明暗、色调的对比也是表现视觉焦点常用的一种方法。在盆景中，视觉焦点一般为不规则形的山石或配件。视觉焦点常常就是构图中心，作品的其他部分都会从属于这个焦点或中心。视觉焦点可以是一个，也可以是几个，两个以上称多焦点。山水盆景中的散置式布局就是多焦点，但多焦点也要有主次之分。

②空间

盆景艺术是一种造型艺术，不只是视觉艺术，也是一种空间艺术，所以必须以立体的形象来反映自然景观。自然界的空间是无限的，但盆景造型的空间受盆钵的制约，因而又是有限的。利用有限的空间来表现无限的自然，就是盆景的空间艺术。在中国古典园林及建筑中被广泛使用的“框景”空间在盆景艺术中也被广泛使用。如盆景构图和盆景的陈设布置都离不开空间艺术。

盆景艺术和中国绘画都主气韵、重意境，要求“虚实相生，无画处皆成妙境”。这种“计白当黑”“疏密斜正”的艺术形式也都是空间分割和空间艺术的表现，所以，就构图的形式而言，空间分割显得十分重要，这种空间分割在盆景艺术上常用于某些盆景的博古架造型形式上。空间分割在构图上很少分割成完全相等的部分，否则势必显得呆板。

盆景中的“高远、平远、深远”的构图方法，实际上就是空间深度和视觉透视的问题，当视线升高时，深度就增加，当主体部分掩盖另一部分时，也会加强深度感。总之，物体的大小、位置和色质等皆可体现空间的深度感。

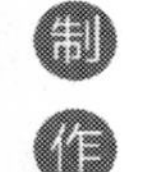

36. 中国盆景的艺术手法有哪些？

(1) 师法自然，求其神韵

盆景是大自然中美好景物的缩影。创作树木盆景首先要熟悉自然界的风光面貌，掌握树木的自然习性，即古人所谓的“师法造化”。大自然中不同地理环境、不同季节、不同树种所呈现的树木景态迥然有异。在树木盆景的创作中，都可以从中汲取素材和营养，所以说自然本身就是艺术大师。

(2) 化繁为简，以形写意

盆景制作不难为繁，而难于求简，树有千枝万叶，贵在繁中求简，求其形似，重在意境。盆景艺术源于自然，又高于自然。其关键是巧妙地用好简化手法。“缩龙成寸”“小中见大”，就是繁中求简，简中求意的体现。旷野树木的形态是自然生长，而不是由人意取舍决定的，但树木盆景的形貌则可由人意取舍决定，所以景树创作，枝繁则乱，意高则简。树不在粗，枝不在繁，形似则可，意到则为佳作。

(3) 发扬传统，突出个性

盆景是我国古老的传统艺术，在长期的历史发展过程中形成多样的艺术流派和精湛的传统技艺。因此，我们在盆景创作中必须珍视和继承优秀的传统艺术，从中汲取营养，作为今天盆景发展的基础。但在继承传统的同时，还要进行改革与创新，创造出具有时代感的新艺术。盆景的创新应大力提倡和积极鼓励表现盆景作者的个性，艺术最忌雷同，因此，作品的个性愈鲜明，其创新意识和吸引力就愈强烈。

(4) 多变统一，节奏和谐

树木盆景有多种多样的材料，有千变万化的形式，盆景艺术家运用构思布局，因材处理，创造出形态优美、富有诗情画意的艺术作品，关键的手法之一，就是掌握多变统一、节奏和谐这一关键原则，每个作者对不同树种、不同形式的处理和造型技巧不同。

在树木盆景的创作中，还要在变化中求统一，而使其气韵和谐。树木盆景若没有多变统一，就没有节奏和谐，就会失去自然美、姿态美、色彩美的感染力。

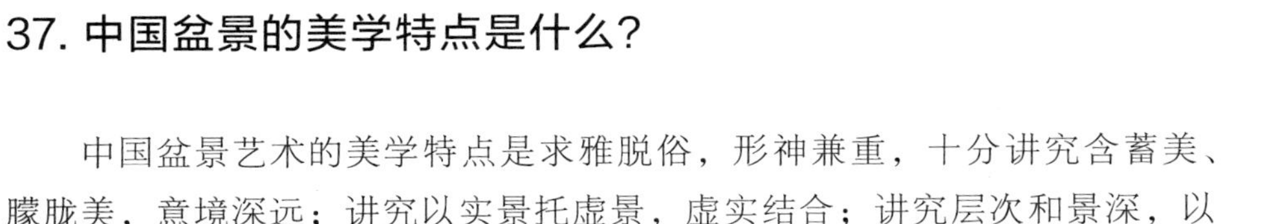

37. 中国盆景的美学特点是什么？

中国盆景艺术的美学特点是求雅脱俗，形神兼重，十分讲究含蓄美、朦胧美，意境深远；讲究以实景托虚景，虚实结合；讲究层次和景深，以达到“有限变无限，有界变无界”“只可意会，不可言传”“引人入胜，令人遐思”“不尽之意，回味无穷”。

中国盆景素以诗情画意见长，优秀的作品耐人寻味，发人深思。要使作品产生这种艺术魅力，就必须遵循一定的艺术创作原则，灵活地运用艺术辩证法，处理好景物造型中的各种矛盾，达到既多样又统一的效果。

“师法造化”是盆景创作的重要原则。它是指观察自然，学习自然，掌握其规律，从中汲取创作源泉，使作品真实地更高更好地表现出自然景物。在师法造化的基础上，还须对表现对象进行分析、研究，抓住景物特点，“去繁求简”，使作品更加集中和典型。

创作优美的盆景作品，要做好“主次分清”，应该采取各种对比和烘托的手法，使主体突出，在意境上，应该追求虚中有实，实中有虚，终而达到“虚实相生”。

为了创作优美的作品，盆景的布局不可全部塞满，须根据表现力度的需要，做出一定的空白处理，以虚代实，使观者有自由想象的天地。

盆景中的景物安排要做到“疏密得当”，即有疏有密，疏密相间，“疏可走马，密不透风”。在节奏上，可通过高低、起伏、疏密、开合等规律的变化，表现一种“韵律”，以传达人的心理情感，增强作品的表现力。

优美的盆景作品对盆景的态势要求十分严格，最忌四平八稳，必须注意取势导向，即有意识地布置出动势，以达到“动静相衬”，使作品显得生动而有气势。

盆景中景物的形体或色彩应有轻有重，同时要形成不对称的均衡，这就是“轻重相衡”。盆景中景物的比例安排要做到相互“顾盼呼应”，才能有机地结合在一起。

优美的盆景造型和其他艺术创作一样，既不可一味粗放，也不可过于纤细，而应该有粗有细，“粗中见细”，这样才能重点突出，对比鲜明，形神兼备。

“景愈藏则境界愈大，景愈露则境界愈小。”盆景中的景物不可全部显

露在外，而应“露中有藏”，以引起观者丰富的联想，从而有利于意境的再创造。

盆景艺术既不能太平凡，也不能太奇特。太平凡没有趣味，太奇特又失却自然。做到“平中见奇”，方为上乘。

盆景的造型不可一味求刚，也不可一味求柔，应该使之刚中有柔，柔中有刚，以达到“刚柔互济”。

巧与拙是辩证的关系。在盆景艺术中，巧固然是一种美，其实拙也是一种美，两者缺一不可，故应做到“巧拙互用”。

自然界枯荣并存。在盆景中，也常常通过“枯荣对比”象征生命与死亡的抗争，并从中显示生命的活力。

盆景要在小小的盆中表现出很大的境界，必须采用透视法则，做到近大远小，近清晰远模糊。中国盆景除了采用定点透视（即视点固定）以外，还有一种规律的散点透视（即视点可按一定规律移动），可以表现出极大范围的景观。尤其是山水盆景更是如此。

盆景中各种景物的体量、尺度，应处理得“比例恰当”。这样既能合乎自然情理，又可起到对比、衬托的作用，使用品达到小中见大，由近求远。

盆景中的“色彩处理品”主要体现在选材和配置上，中国盆景崇尚色彩简练，含蓄，古朴，素雅。

优秀的盆景作品应该“情景交融”。盆中的一山一水，一草一木，都应该凝聚着作者的思想感情和美学造诣，使观者能触景生情，从有限的景物中产生无限的联想。

38. 盆景美学主要包括哪些内容？

(1) 自然美

树桩盆景是以活的植物体为材料，具有生命活动的特征。其自然美包括根、树干、枝叶、花果和整体的姿态美，以及随着季节变化的色彩美。单株树桩有参天大树的风范，丛林式有丛林的气势。另外，树干、枝叶的比例要恰当。

(2) 画境美

盆景的画境美就是将大自然中的树木景色进行高度概括和提炼，通过

艺术加工，使之成为有主次、有动势、有疏密、有烘托、有呼应的造型布局，达到凝聚大自然景色的艺术境界。一个盆景作品就像一幅立体、美丽、动人的画，盆景作品必须能体现画一样的意境。

（3）意境美

盆景的意境美是客观景物经过艺术家思想感情的熔铸和细腻技巧所创造出的艺术境界，它不仅包括景物方面的画境美，还包括感情方面的意境美。人们在欣赏盆景的时候，不仅看到了景，而且通过景物能激发出美的情感、美的意愿和美的理想，并产生丰富的联想和领略景外之情，达到景有尽而意无穷的境地。我国传统的树木盆景的风格大多是苍劲古拙，恬淡清远，雍容秀丽，宽厚中和，柔中寓刚，表现了大国风度和文化气质，这就是高度概括的诗情画意和意境美。意境美有时还借助盆景的命名和题咏来表现，因此欣赏盆景还需具备一定的文学修养。意境美是盆景艺术的最高境界，表现为景中有情、情中有景、情景交融。这种艺术境界能调动欣赏者丰富的想象力和强烈的感染力，使盆景作品耐人寻味、百看不厌。在盆景的创作中，最难表现的就是意境美。在盆景的审美中，有意境或无意境，以及意境的高低，是衡量盆景美的重要标准。

39. 盆景中所谓的“一景二盆三几架”指什么？

盆景是由景、盆、几架三个要素组成的。此三个要素是相互联系，相互影响，缺一不可的统一整体。也就是通常所说的景、盆、几架三位一体。“景”在盆景中为主体部分，盆、几为从属部分。即一盆好的盆景，景、盆、几架要相互配合默契、主次分明，注意避免把欣赏者的注意力引导到“盆”或“几架”上来。盆、几架无论在形状、体积、色彩等方面与景的关系要处理得协调、自然。要保持主客关系，这就是常说的一景二盆三几架的原因。

第二章 盆景制作技艺

本章主要介绍盆景制作的基本技艺，包括盆景的制作工具与材料、树桩盆景制作、山水盆景制件、其他盆景制作、盆景养护与管理等内容，是制作盆景的核心内容。

40. 野生的桩材是怎么采挖的?

野生的桩材因长期受到大自然的风吹日晒、雨浸虫咬，都在不同程度上形成了独特的形态，在盆景制作中是好材料，具有一定的艺术雏形，拥有较高的使用价值和艺术价值。

桩材形状各异、千姿百态，有的枯健雄秀，有的曲直弯拐，有的凹凸洞节，有的古朴生动，具有浓郁的自然气息和较强的艺术感染力。总之，使用野生桩材制作盆景，能大大缩短盆景材料的培育时间，其天然形成的独特形态所表现的艺术效果是人工培育望尘莫及的。

能成为盆景材料的树桩一般生长在山坡瘠地和村口路旁，或峭壁上、山沟旁、河岸边。

当碰到桩材时不可盲目动手，一要看裸露桩材是否喜欢，是什么树种，还要看叶片的大小，一般都选叶小的种类；二要查主干与各枝干的关系是否协调，是否健康（病虫害及腐烂）及可改造程度；三要摸树桩根部的地下部分走势是否合理，是否有实用价值。

在动手挖确定好的桩材前，先要大致剪除枝叶，留下保留枝。要根据保留枝的幅度，从离主干一定幅度的旁边挖起，根据变化在尽可能保证根系完好的情况下逐渐缩小到合理栽培的范围。遇到主根粗长的，尽量确保坡脚，同时在充分考虑成活的前提下切断主根。在采挖树桩整个过程中尽量不摇动树桩。

桩材挖出后，就地进行第二次粗裁。注意宁可多留，不可多裁。因为在外面时间仓促，不可能仔细推敲，为避免造成遗憾所以要多留。

桩坯定型后要用塑料布等物将根部包扎严实，使其不受风吹日晒，且能减少桩杯失水，有条件的最好整株树桩都包上保护层。

41. 树桩材料怎么培育?

从野外挖掘的树桩必须经过一段时间的培育，才能恢复、适应，否则难以成活，更不易成型。树桩初次萌发的“水芽”，即使发得很好，也不表明已经成活，因为这种芽的养分并不由根部来，而是皮层内部的积累，只有一个月后，芽不萎缩，且有较壮的新梢长出，才表明已发新根。所以培育管理上要谨慎对待。

要保证水分供应，生长旺季更不能缺水，天气干燥时最好常在叶面喷水，但也要避免根际过湿及雨季排水不畅而积水烂根。刚种的树桩要注意遮阴。随着新枝长出，可逐渐增加光照时间，高温期也一定要做好遮阴工作。刚种的桩坯不施肥。要适时做好修剪抹芽工作，剪去造型中不需要的枝干及病枝、枯枝，也把多余的芽抹掉。长势好的树桩，至当年秋季即可就地绑扎造型。应根据树桩的自然姿态和加工创作的要求，将需要的健壮枝条留在适当部位，而将徒长枝、劣枝等多余枝剪去。再根据需要枝条的长度与粗细，摘去枝条顶端的芽及叶片，并抹去枝上全部叶片，这样可抑制顶端优势，同时又可促使叶腋萌发侧芽。此外，还可采取吊、钩、拉等方法，利用新生枝的可塑性，因势利导，进行适当的造型。

42. 树桩材料如何加速苍老?

树桩盆景讲究“新、奇、古、怪”，尤以年久苍老的材料为上品，而具较高的欣赏价值，但随着盆景事业的发展，不可能找到这样大量合适的

材料，为此可采用人工的方法，使植物材料快速老化，这样“以假乱真”，同样可以产生较好的效果。树桩材料加速苍老的方法如下：

(1) 顿节法

把距根部 3～5cm 以上的主干锯去，只留 1～2 个细枝。所锯部位要斜，再在锯口凿一条曲折回槽，过一段时期，表面就呈现自然疤痕。

(2) 嵌石法

在主干基部以上选择适当部位，用刀削去一层树皮和部分木质部，再嵌入石子，愈合后可形成自然疤形。根据主干粗细决定切割面大小，一般做 1～2 个疤。

(3) 蛀蚀法

将树干用刀刮去一些韧皮部，再在木质部上钻凿洞穴，涂上饴糖，引诱白蚁蛀食，反复蛀食，可加速树桩苍老。但要防止白蚁蛀入根部，损伤树桩。

(4) 撕枝法

造型时，在除去侧枝和多余的枝叶时不进行修剪，而是连皮带枝撕下，让木质部裸露，愈合生长后即会天然留下古疤和老痕。

(5) 打击法

在树木生长过程中，用锤打击主干基部，由于树皮受机械损伤，皮层细胞不断分裂增生，而使受击部位隆起如瘤。

(6) 刀撬法

在树木生长旺期，将刀插进树皮后撬动，使树皮与木质部分开。但不能用力过大，以免撬破树皮。经 2 个月左右，伤口愈合，也会形成瘤状突起。

(7) 提根法

适于生命力强及易生侧根的植物。先去主根，再将其栽入深盆，以利侧根发育，主干成型上盆时，逐步将根爪提出悬于土面。

43. 盆景植物选择有何要求?

盆景植物选择一般要求植株低矮、叶片细小、容易生根、适应性强、生长较慢、寿命较长、根干奇特、耐修剪、易造型。简单可以归纳为“枝叶细小节间短，萌芽力强耐修剪，抗逆性强花果艳”。选择盆景植物可以从以下几方面来把握：

(1) 叶片细小，节短枝密，全株观赏效果好；

(2) 适应性强，病虫害少；

(3) 施艺容易，生长缓慢，寿命较长；

(4) 形状、色彩、质地、神韵皆佳，花果繁壮，耐久味香。

44. 盆景石材选择有何要求？

对于石材的论述，宋代大书画家米芾有“瘦、皱、漏、透”四字，即石材之瘦，是指石材有棱有角，不臃肿；石材之皱，是指石材皮面纹理丰富，非平滑；石材之透，是指要求石块里有孔道可以相互通达；石材之漏，是指石材有洞眼，可通过视线。在盆景石材选择时可以参考此四字。

45. 盆景植物通常分为哪几类？

这里的盆景通常是指树桩盆景，树桩盆景的植物种类很多，可按树干数量、植株高度、树种及观赏特性加以分类。

(1) 按树干数量分类

盆景植物大致分为单干和复干两种。单干树在盆中仅一根树干，复干树在盆中则有两根以上树干。

单干——直干、斜干、曲干等。

复干——双干、三干、五干、七干、合植、丛生、连根等。

(2) 按植株高度分类

盆景植物可分为5类：特大型、大型、中型、小型、微型。

(3) 按树种及观赏特性分类

目前人们最为常用的盆景植物主要有6类：松柏类、观叶类、观花类、观果类、杂木类、藤蔓类及观根类。

46. 松柏类盆景树木有何特点？ 常用的造型树种有哪些？

松柏类盆景常用的造型树种很多，主要有松类和柏类两大类。

(1) 松类

苍干虬枝多奇姿的松，以它那苍劲的枝干、刚健的体态，显示出独特

的气势，或是挺拔耸立，或是悬根露爪。千百年来，博得了多少人的赞赏。在宋朝绘图《十八学士图》中就画有露根出土的松桩盆景。以后在历代绘画中均出现了姿态万千的松桩盆景。常用于盆景的松类植物（包括松科、杉科、罗汉松科、三尖杉科等植物）有：黄山松、黑松、五针松、金钱松、锦松、雪松、铁杉、南方油杉、华东黄杉、水杉、落羽杉、红豆杉、南方红豆杉、罗汉松、小叶罗汉松、短小叶罗汉松、狭叶罗汉松、大理罗汉松、竹柏、榧树等。

（2）柏类

柏的树龄之长可与松相匹敌。在各地园林、古刹中，常常会见到干粗成抱、皮层剥裂的老柏树仍然是枝繁叶茂、雄姿不减。在盆景艺术中，它那苍劲气势和枯木逢春的造型，姿色优雅的植株形象，深入人心。常用于盆景的柏类植物有：圆柏、龙柏、北美香柏、翠柏、日本扁柏、日本花柏、桧柏、铺地柏、垂枝柏、刺柏等。

47. 观叶类盆景树木有何特点？ 常用的造型树种有哪些？

观叶类树种除了常绿性的树种以外，还有专供观赏其叶色变化的树种。

槭树科槭树属植物是观叶类盆景的重要植物。盆景造型中常用的有三角枫、鸡爪槭等。鸡爪槭的园艺变种有红枫、羽毛枫、红羽毛枫、小叶鸡爪槭等。此外，盆景造型的观叶树种尚有红叶李、紫叶小檗、金边黄杨、金边瑞香、朝鲜栀子、黄金水蜡、锦熟黄杨、金边胡颓子、银杏、观赏竹类等。

48. 观花类盆景树木有何特点？ 常用的造型树种有哪些？

观花类盆景树种首推冰姿玉骨的梅花。初春时节，花卉树木尚未复苏，唯有寒梅满枝盛花，傲然挺立于春寒料峭之中，显出一派清姿神韵。对此，唐朝大诗人杜甫的《江梅》一诗中，就有“梅蕊腊前破，梅花年后多”之句。对梅花不畏风寒、独先天下而春，占尽早芳的风韵，作了恰如其分的描绘。梅自古以来就和兰、竹、菊被称为品格高尚完美的“四君子”。梅属蔷薇科之李属，常用来制作盆景的品种有素净幽雅的白梅、绿梅；有花容丰丽的玉蝶、千叶红梅；有妖艳动人的朱砂；有枝梗木质部呈淡红色的骨里红；亦有枝条自然下垂的垂枝梅；另有花期春末才盛开的送春梅；更有花色浓紫得近乎黑色的墨梅等。梅花古桩盆景疏枝斜横、老枝跌宕、铁干虬枝、坚瘦如削，确属奇趣独具，成为我国艺术盆景中的首选品种。梅花盆景因各地蟠扎、修剪的风格不同而形成了不同的流派，如江苏的屏风梅、疙瘩梅、劈梅，安徽、四川的游龙梅等。

观花类盆景树木除了梅花外，尚有被称为花中神仙的海棠花、鲜葩含素辉的樱花、叶似榆树花如梅的榆叶梅、素雅脱俗香馥郁的小叶丁香、浓荫帐里花烂漫的紫薇、花中西施杜鹃、雪里开花到春晚的山茶花、素花灿然从枝间的六月雪、暮春满枝紫的紫荆花、幽香暑中寒的栀子花等。

49. 观果类盆景树木有何特点？常用的造型树种有哪些？

观果类盆景是艺术盆景中饶有趣味的一种，每当花后，锦果满枝，在案头几上陈列，彩实晶莹、珠玑错落，颇耐赏玩。观果类盆景树种品类甚多，有干挺枝盖如云树的虎刺（又名伏牛花），有宛若飞檐风铃的胡颓子，有凉伞遮金珠的平地木（现名紫金牛），等等。经过艺术造型制作，悬挂的果物与树体艺术形态和谐协调，能给人们一种回味无穷的艺术享受。

蕊珠如火一时开的果石榴在果树盆景中最为常见。元朝诗人马祖常诗云：“只待绿荫芳树合，蕊珠如火一时开。”说明春光远去，唯独石榴花却娇红如火，独占佳色。

此外尚有盆栽赏果妙品山楂，苍翠金黄、相映成趣的金橘，以及佛手、寿星桃、李、杏、苹果、梨、葡萄等。

50. 杂木类盆景树木有何特点？常用的造型树种有哪些？

这类树种在常用的盆景树种中占大多数，如桩姿奇特的雀梅，它屡有干枯若朽或洞穿蚀空的古桩，或苍老多节、扭曲不规，或皱皮斑驳、形若虫兽，故盆景界常取其可塑树桩，截干蓄枝，制作成奇姿异态，犹似枯木逢春的艺术盆景。雀梅在我国江浙一带被作为主要的盆景树种之一，深受赏识。由于它有独特的体态，经精心制作，更显示其雅态万端，具有惊人魅力。因此，常在国际盆景展览中深受夸奖和赞誉。怪异古拙最堪玩的榆

树亦深受国内外盆景界赞赏，尤其是在江南一带常被视为制作盆景的精品。它是属榆科、榆属的落叶乔木，树桩多怪异粗曲，虽半朽蚀穿，或洞孔百出，却仍挺拔横空，虬枝蜿蜒，造型后树姿古朴优雅，特具神韵。

此外尚有老干劲节、姿态古雅的福建茶、质坚比寒松的黄杨，以及九里香、榉树、朴树、雀梅、水杨梅、赤楠、枸骨等。

51. 藤蔓类及观根类树种有何特点？常用的造型树种有哪些？

藤蔓类盆景树种常用的有翠蔓频添金珠簇的金银花，在盆景界常取其扭曲多姿的老桩，通过截干蓄枝，促成蔓条纷垂，疏密有度，除了婀娜多姿外，尚伴有四溢之清香，给人以姿香俱美的享受。百尺蔓柔翠的凌霄花是紫葳科凌霄属之落叶藤本植物。其桩若经截干蓄枝，只要干本折屈古苍，枝条扶疏有致，亦可成为盆景佳品。此外，尚有寒藤依然翠竹盖的常春藤、清香远溢竞芳菲的络石、虬蔓纷垂青萝悬的薜荔及霜重蔓遍红的爬山虎等。藤蔓类的紫藤枝叶茂密，春天先花后叶，穗大而美，芳香袭人，实为传统的盆景材料。而悬根露爪、气根高悬、块根膨大怪异、枝叶稠密、色翠如盖的榕树，蔚为壮观，是岭南派盆景界最为常用的重要树种。常见藤蔓植物有紫藤、木香、金银花、迎春、云南黄馨、凌霄、葡萄、薜荔等。

观根类盆景树种通常是指植物的根部有较好的观赏价值，适合露根观赏。常见的观根类树种有雀梅、榕树、六月雪、榔榆、金雀花等。

52. 竹类盆景有何特点？ 常用的竹种有哪些？

竹子种类甚多，大者高逾数丈，小者身形数寸，其叶色苍翠，姿态潇洒，深受人们喜爱。中国的文人视竹为清高、刚直的象征，喜欢与竹为伴。东晋王徽之有竹癖，即使暂住他人宅室，亦不忘种竹，自谓“不可一日无此君”。宋代苏东坡爱竹，称“宁可食无肉，不可居无竹”“无肉使人瘦，无竹使人俗”。扬州八怪之一擅长画竹的郑板桥更有诸多咏竹的名诗佳句。

竹不仅高雅入画，而且寓意崇高。人们除了在户外种竹，也用它来制作盆景。斋室之中，有了竹类盆景做点缀，不仅美化了环境，还反映了主

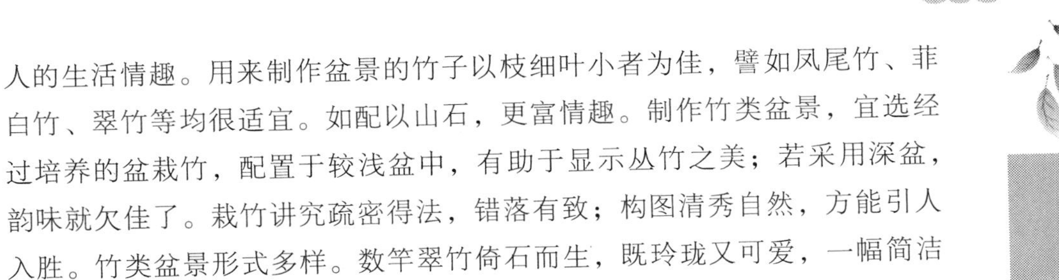

人的生活情趣。用来制作盆景的竹子以枝细叶小者为佳，譬如凤尾竹、菲白竹、翠竹等均很适宜。如配以山石，更富情趣。制作竹类盆景，宜选经过培养的盆栽竹，配置于较浅盆中，有助于显示丛竹之美；若采用深盆，韵味就欠佳了。栽竹讲究疏密得法，错落有致；构图清秀自然，方能引人入胜。竹类盆景形式多样。数竿翠竹倚石而生，既玲珑又可爱，一幅简洁的“竹石图”便跃然而出了。

53. 适合作为盆景材料的树种有哪些？

适宜制作盆景的常用植物约有200种。

针叶树类有雪松、五针松、赤松、黄山松、杜松、锦松、华山松、白皮松、黑松、金钱松、铁杉、柳杉、池杉、落羽杉、水杉、金松、水松、美国红杉、线柏、垂枝柏、千头柏、日本花柏、日本香柏、美国香柏、孔雀柏、云片柏、圆柏、柏木、缨珞柏、龙柏、沙地柏、铺地柏、塔柏、鹿角柏、翠柏、罗汉松、竹柏、榧树、南方红豆杉、红豆杉、南洋杉、木麻黄等。

常绿乔灌木类有细叶十大功劳、南天竹（玉果南天竹、五彩南天竹）、黄杨、雀舌黄杨、珍珠黄杨、瓜子黄杨、冬青、枸骨、无刺枸骨、龟甲冬青、西洋杜鹃、火棘、含笑、桂花、六月雪、凤尾竹、紫竹、斑竹、矮棕竹、罗汉竹、米兰、文竹、茉莉、厚皮香、月桂、棕榈、香圆、蚊母树、小叶蚊母树、赤楠、滨柃、乌饭、栀子花、水栀子、胡颓子、佘山胡颓子、柳叶蜡梅等。

落叶乔灌木类有雀梅、榔榆、蜡梅、贴梗海棠、垂丝海棠、矮海棠、银芽柳、龙爪柳、柽柳、榆叶梅、樱花、郁李、垂枝樱、梅花、红棉木、紫荆、榉树、垂枝梅、碧桃、寿星桃、垂枝桃、三角枫、元宝枫、鸡爪槭、紫红鸡爪槭、丁香、紫薇、南紫薇、金雀花、牡丹、芍药、迎春、探春、连翘、月季、玫瑰、映山红、满山红、水杨梅等。

果树类有石榴、葡萄、柿、油橄榄、柠檬、佛手、金弹、粗榧、老鸦柿、白棠子树、紫珠、旱金牛、山楂、秤锤树、赤楠等。

藤本类有常春藤、紫藤、凌霄、爬山虎、金银花、络石、葡萄、鸡血藤、薜荔、扶芳藤、木香等。

54. 盆景石材通常分为哪几种?

我国幅员辽阔，地质构造复杂，各省（区）适宜做盆景的石材多达30余种，根据其坚硬程度可分为软石类、硬石类两类。

软石类：质地松软，易加工，可随意造型，具有吸水性，有利于种植植物，但易风化，易破损。软石类主要有砂积石、芦管石、浮水石、海母石、鸡骨石等。

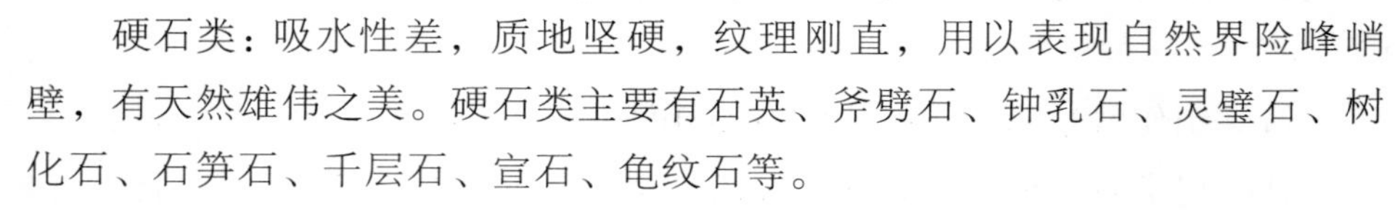

硬石类：吸水性差，质地坚硬，纹理刚直，用以表现自然界险峰峭壁，有天然雄伟之美。硬石类主要有石英、斧劈石、钟乳石、灵璧石、树化石、石笋石、千层石、宣石、龟纹石等。

55. 软石类盆景石材有何特点?

软石类质地松软，多呈不规则块状，纹理杂而无序，制作时可按创作意图加工，可随意造型，具有吸水性，有利于种植植物，但易风化，易破损。软石类不宜制作高远法的景观，但适合制作平远法和深远法的景观。

56. 软石类盆景石材通常有哪些?

软石类盆景石材主要有砂积石、浮水石、芦管石、海母石。

(1) 砂积石

砂积石灰褐色或灰黄色，由泥沙和碳酸钙凝聚沉积而成，质地欠均匀，外部坚硬，内里疏松，也有整块坚硬的。同样体积的石材，重量大的坚硬，重量小的松软，选购时极易区分。质松的，吸水力较强，有利于草木附生，适宜加工为山水盆景。主产于四川、广西、浙江、山东、安徽。

(2) 浮水石

浮水石为火山熔岩冷却而成。有灰黄、灰白与深灰等色，深灰色的质地较紧密，质量较好，石内孔隙多，比水轻，能浮于水面，吸水力强，有利于植物附生。产于吉林省长白山天池、黑龙江、嫩江和各地火山口附近。

(3) 芦管石

芦管石质地和砂积石的大致相同，多产在同一地区，有时与砂积石夹

杂在一起。结构比砂积石更自然，由大量错综管状纹理构成，有的天然生成奇峰异洞，略为加工即成型。

(4) 海母石（珊瑚石）

海母石系海洋贝壳类生物的遗体层积而成。质地疏松，易雕琢。有粗质和细质之分，粗质的较硬，可吸水，由于新料含盐量较高，故应多次漂洗，植物方能附生。产于海滨。

57. 硬石类盆景石材通常有哪些？

硬石类盆景石材主要有钟乳石、英德石、斧劈石、石笋石、砂片石、宣石、树化石、太湖石、灵璧石等。其特点为：吸水性差，质地坚硬，纹理刚直，用以表现自然界的险峰峭壁，有天然雄伟之美。

(1) 钟乳石

钟乳石是石灰岩溶洞中的石头，由于受到水的长期作用而形成钟乳，多为白色及浅黄褐色，石质稍紧，但锯截尚方便。选用时要注意天然形态合乎造型要求。钟乳石多用作山峰，尤其适于塑造桂林山水，有时用来表现雪山，效果也很好。产地在广西桂林和柳州等地。

(2) 英德石

英德石颜色以灰黑为多，也有白、浅绿及微青带白筋的。质地特别坚硬，较难加工，但一般具有很好的天然形状。石有正背面，正面皴纹多并富于变化，背面大多平坦。英德石坚固耐久，不易损坏。缺点是不能吸水，栽种植物较困难。在选择英德石时，主要看其天然形状。英德石产于广东英德一带，多在山间水中，是山水盆景中的一种好石料。

(3) 斧劈石

斧劈石均为灰黑色，质地坚硬，纹理刚直，石料一般修长，呈峰状，石纹如同山水画中的“斧劈皴”，故而得名。加工时主要通过锯截和配置。斧劈石适于做山峰，雄伟挺拔，大有刺破青天之势。缺点是吸水性差，不能生长青苔，但经喷水后，如雨后山峰，雄姿焕发，别有意境。斧劈石产于江苏常州等地，也是山水盆景中的好石料。

(4) 石笋石

石笋石又名白果峰，青绿色带有白色斑块，年久可以脱落，形成小的洞穴。石质坚硬，多呈笋状，适于做山峰。石笋石产于浙江长兴等地。

(5) 砂片石

砂片石灰黑色，多呈条状，石上有很多直纹，质地较硬，但吸水性能尚好，能生长青苔，一般适于做山峰，可略做雕琢加工。砂片石产在四川成都等地，有从地里挖出的，也有从水底取出的。

(6) 宣石

宣石一般白色而稍带光泽，石质坚硬，多呈结晶状，皴纹细致多变化。适宜用作雪景，也常用作树桩盆景中的点石。宣石产在安徽宣城一带。

(7) 树化石

树化石有很多种类，颜色也各不相同，大多呈黄褐色和灰色，质地坚硬，皴纹如同木头，做成山石盆景，别有风味，加工时较为困难。产地很多。

(8) 太湖石

太湖石呈深浅不同的灰色，也有一种呈浅黄色。太湖石是层积岩的一种，体形玲珑剔透，小的用以制作盆景，产于太湖。

(9) 灵璧石

灵璧石呈深铁灰色，偶有白色相间。形态似英德石，表面褶皱较少。叩之有声，清脆悦耳。最适宜配以红木几座，案供清赏，主产地是安徽灵璧县。

58. 盆景制作常用的有哪些盆？

盆景属框景艺术，如在盆内作画，盆成为“画纸”。盆也可视作雕塑的底座，烘托上面的主景。盆可以决定作品的高矮、效果，有时还决定形式。山水盆景属全景式构图，它不如绘画自由，更不能斩头去尾半个山、半个局部地将景物反映在盆内，否则会给人不伦不类、不完整的感觉。因此，对盆的要求颇高，盆成为整个构图不可分割的部分，不合适的盆是无法体现主题效果的。盆除了供作画、衬托，还可盛水，因为盆内水也是作为内容来欣赏的，特别是盆内盛水代表的江河湖海，因此不宜用做工粗糙、比例失调的盆来组景。

好的盆本身是件艺术品，为了取得和水和谐的关系，除了山水造型要细腻，盆本身的造型也要灵巧精致。

盆的式样、规格、质地和色彩等均有很多种类，可根据不同需要进行分类。

盆的式样有长方形、椭圆形、船形、正方形、圆形、六角形、八角形、海棠形、菱形、腰形、袋形、扇形等多种。其中又深浅不一，最浅的近于平板，最深的形如长筒。

盆的规格也有多种，最小的微型盆一手可放数只，最大的长方形盆可有 2m 长。

盆的质地有陶质（紫砂、朱砂、白砂、乌砂、青砂、梨皮砂）、釉质、瓷质、石质（白矾石、大理石）和水泥质等数种。

盆的色彩是多种多样的，有紫红、大红、海棠红、枣红、朱砂紫、青蓝、墨绿、铁青、紫铜、葡萄紫、栗色、白色、豆青、白青、五彩、紫青、花白、淡黄色、淡绿色、淡蓝色等。可根据需要选择合适的盆。

盆景制作常用的盆主要有以下几种：

(1) 紫砂盆

紫砂盆主产于江苏省宜兴等地，是采用宜兴特有的一种黏土为原料，经过开采、精选、提炼，制成陶胎，不着釉彩，再经过 1000～1150℃的高温烧制而成的。紫砂盆主要用于植物盆景，但也有用于小型山水盆景的。

紫砂盆质地细密、坚韧，并有肉眼看不到的气孔，既不渗漏，又有一定的透气吸水性能，适宜植物生长发育。紫砂盆的色泽多达几十种，主要有紫红、大红、海棠红、枣红、朱砂紫、青蓝、墨绿、铁青、紫铜、葡萄紫、栗色、白砂、豆青、葵黄、淡灰等色，有的还在泥里掺入少量粗泥沙或钢砂，制成的盆钵则颗粒隐现，给人以特殊的美感。紫砂盆按不同形态分，有圆形盆、椭圆形盆、方形盆、长方形盆、腰圆形盆、六角形盆、八角形盆、荷花盆、扇形盆、菱形盆等；盆有深的也有浅的；盆口造型也是多种多样的，有直口、窝口、飘口、蒲口等。

(2) 釉陶盆

釉陶盆是用可塑性好的黏土先制成陶胎，在表面涂上低温釉彩，再入窑经 900～1200℃的高温烧制而成的。釉陶盆质地疏松，透气性好，风格素雅大方，但色泽较深，所以在山水盆景中较少用。

我国有许多地方出产釉陶盆，但以广东石湾地区的产品最有名气。石湾所产的釉陶盆，色彩淡雅，造型多种多样，价格比紫砂盆低，因此是比

较常用的盆钵。釉陶盆的色泽有蓝色、淡蓝色、绿色、黄色、白色、紫色、红色等，在烧制过程中，由于温度不同而有色深、色浅之别。釉陶盆如多年放在室外，经过日晒、雨淋等自然侵蚀，原来的色泽会逐渐变浅，年代越久，色彩越淡，越发显得质朴古雅，也就越贵重。

(3) 瓷盆

瓷盆是采用精选的高岭土，经过 1300～1400℃ 的高温烧制而成的。瓷盆质地细腻、坚硬、美观，但不透气，透水性能差，一般不直接栽种花木，多作套盆之用。

瓷盆色彩艳丽，有白瓷盆、青瓷盆、青花白地瓷盆、紫瓷盆、五彩瓷盆等，并有釉下彩与釉上彩之分。瓷盆上多绘有山水、人物、花鸟以及其他各种图案，有的还写有诗词等。由于瓷盆色彩缤纷，不易与景物协调，所以一般盆景不选用这种盆钵。其中以景德镇的瓷盆最为著名。

(4) 石盆

石盆是采用天然石料经锯截、凿磨加工而成的。常用的石料有大理石、汉白玉、花岗石等，颜色多为白色，也有白色当中夹有浅灰色等纹理的，还有色黑如墨的。石盆色泽淡雅，形状比较简单，常见的有长方形、椭圆形、圆形浅口盆。近年来又出现一种边缘呈不规则形的浅口盆。石盆多用于山水盆景，也有把大块石料加工成大型或特大型石盆，用于树木盆景的。石盆主要产于云南大理、河南镇平、四川都江堰、广东肇庆、山东青岛、江苏镇江等地。

(5) 云盆

云盆是石灰岩洞中的岩浆滴流地面凝集而成的，因其边缘曲折多变，好像云彩，故称“云盆”。有的云盆像灵芝，所以又有“灵芝盆”之称。云盆多为灰褐色，边缘不太高，多呈直立状。云盆富有自然情趣，其石料须历经千百万年才能形成，故产量极少，是石质盆钵中不可多得的珍品。云盆多用于树木盆景。用云盆制成的丛林式树木盆景，别具韵味。云盆一般不太大，多为中、小型盆钵。桂林有不少著名的岩洞，该地出产的云盆最佳。

(6) 水泥盆

水泥盆是用 400 号以上的水泥，加适量大小、颜色适宜的石米，用水调和成水泥石米浆，灌入事先制好的模内制成的。也有用水泥调沙制成盆后，外刷紫砂色颜料，外观似紫砂，用于制作大型或特大型盆景盆。这种

盆钵虽不够美观，但制作方便，造价低廉，坚实耐用。其大小、形态、色泽可根据需要和个人爱好而定，这些特点又是其他盆钵难以具备的。

(7) 泥瓦盆

泥瓦盆又叫素烧盆，是用黏土烧制而成的。其质地粗糙，外形不够美观，但透气、吸水性能良好，有利于植物生长，而且价格便宜，是制作盆景的常用盆之一。在种植树木幼苗或桩景“养坯”时，多用这种盆钵。

(8) 竹木盆

竹木盆产于江西等地，以竹木为原料加工而成，朴实无华，风格自然纯朴。常见的有竹盆、树筒盆、板篼盆，常用于桩景或挂壁盆景的制作。

(9) 塑料盆

塑料盆用塑料制成，种类、色彩均较多。特点是华丽，不透气，易老化，但价格便宜，可随心所欲做成各种形状，因此较受欢迎。

(10) 铜盆

铜盆用铜铸成，在日本比较多见。

59. 如何选择盆景用盆?

(1) 树桩盆景用盆

树桩盆景用盆一般均很讲究，既要美观，又要利于植物的生长，两者缺一不可。树桩盆景有多种不同形式，在用盆上也各有不同要求，若搭配适当的盆子，更可显示树木的美。树桩盆景所用的盆子均可以盛泥，下面有洞眼，便于排水。

首先，要注意盆的大小和深浅是否恰当。如果树大盆小，不但有头重脚轻之嫌，不美观，意境差，而且因盆小盛土少，肥料与水分都不能满足植株的需要，会使其生长发育不良。相反，如果树小盆大，会显得比例失调，也不利于树木的生长。一般而言，树木盆景用盆的直径要比树冠略小一些。也就是说，树木枝叶要伸出盆外，至于伸出多少为好，那要具体情况具体分析了。盆钵的式样、深浅要根据盆景的形式而定，悬崖式盆景宜用签筒盆；丛林式盆景宜用浅口盆；斜干式、曲干式、提根式、连根式等盆景一般用中等深度的盆钵。

其次，要看盆的款式和树木是否协调。如丛林式、提根式、斜干式、曲干式等盆景，宜用长方形或椭圆形中等深度的紫砂盆钵。树木盆景用盆

除注意形态外，还要注意使盆与树叶、花、果的颜色相和谐。一般来说，花、果色深者宜用浅色盆，花、果色浅者要用深色盆，绿色枝叶植物不要用绿色盆。总之，植物盆景盆钵的颜色，主要应以花、果、叶的色泽为主，挑选其颜色适宜与之搭配的盆钵。

(2) 山水盆景用盆

山水盆景用盆的形状以长方形最好，其次为椭圆形，很少选用方形、圆形、六角形的盆器。因为长方形水盆整齐大方，常用于表现雄伟挺拔的山峰；椭圆形水盆柔和优美，常用于表现秀丽开阔的景色。盆体的色彩一般以浅色为宜。选用时要根据盆景构图的内容和山石的颜色而定，使其能达到调和的同时又有对比。如砂积石盆景，盆的颜色应选用淡绿色或淡蓝色；斧劈石盆景，盆的颜色以白色或淡黄色为好。如表现湖水时，盆可用淡绿色；表现江河和大海时，盆可用淡黄色或淡蓝色。深色盆一般不选用，这是因为上水后将无法把水面显示出来。但有时为了与山石的色彩形成强烈对比，或表现夜景时偶见选用。盆沿要矮，盆内要浅，盆面要大，这样可以充分显露出山水景色的全貌，尤其在表现低矮的山景时，如果用深盆就无景可观了。另外浅盆安置点缀品也比较方便，如小船、小桥可直接安放在盆中，这样既美观又自然。为了增加空间感，盆底要有四个底脚，以便使盆底和几座分开。

60. 何为盆景的配件？ 主要种类有哪些？

盆景的配件是指用在盆景中起陪衬和点缀作用的亭、桥、楼、阁、船、筏、人物和飞禽走兽等模型的统称。配石也可以归在此类，形式各种各样。配件在作品中起画龙点睛的作用，可以提高整个作品的艺术效果。

盆景用盆、几架和配件，对盆景能起到十分重要的“点睛”作用，在制作中一定要注意应用。有时候，一个小小的配件就可以让盆景更具意境和艺术魅力，增值很多。配件主要有以下几种：

(1) 石刻配件

石刻配件主要选用青田石、寿山石等刻制而成。此类石硬度、韧性适中，小刀可刻，什锦锉可磨，质地细腻润滑。此配件浙江青田有产，自己也可刻制，根据作品要求而配套加工，还可对已刻好的配件进行锯磨改动，拼合粘贴，改头换面，着色修补。选材时注意石色深浅及隐裂。

（2）手工黏合配件

手工黏合配件用于精品盆景。首先，根据盆内画面内容需要，依照景观对比合理要求可自行设计定做，达到比例的合理、格调的吻合、材质的统一。材料为生活中的许多边角废料，如竹、木、棕、金属丝、麻布边料等，经压延、上浆、裁剪、拼凑、胶贴、黏合、着色等工序制成。该手工制品的特点是大小均可，精巧细致，质感强，古朴典雅，自然活泼，符合作品需要。

（3）铅锡浇铸配件

用叶蜡石、吴砚石等刻制成印模，用铅锡合金熔化后浇铸入模、冷凝时脱模取出即成。开模技术要求很高，既要有比例感、对称感，又要浇得足、脱得出、操作方便等。该产品可成批量生产、规格化生产，产品形态逼真、小巧玲珑、实用性强、不易损坏，并可裁剪组合、着色点染。落色后可重新加色、整体如新。当然配件不宜太新、不宜艳丽锃亮，否则放置景中反显媚俗，必要时要做旧才会使画面古朴自然。此种配件在展览中应用常会造成重复感。

（4）其他

用有机塑料、骨、牙、角雕、砖刻、木雕、竹刻、泥塑烧制等。要求做工精巧、形态逼真，具备一定牢度，每一盆中尽可能用一种材质配件，大小融洽，不可杂乱。

61. 配件在山水盆景中的作用是什么？

（1）起比例衬托作用

一件作品中的“山”展示在观众面前，无法明确山的高度，也无法确定“水”面的宽度与长度。一旦用设计好的合适配件作对比，便可“明确”显示出画面的各式比例，达到小中见大的艺术效果。

（2）有画龙点睛之妙

盆内一个平常的地方配上合适的配件与画面取得联系，意境会大不一样，可吸引人们的视线进入盆内目移心游，增添作品的亮点，加上配件色彩的点衬，可烘托气氛及韵味。

（3）增添作品的观赏性，加深作品的内涵

如有了桥、亭，可供人行、息；有了屋舍，说明有人起居；点缀了人

物，说明已成佳景，成“可游可居”之山；垂钓、撒网为水浅处，扬帆为水面空阔处……此外，配件还可起到衬托静与动、大与小、刚与柔等许多构图中的对比关系的作用。

(4) 反映时代、地域场景

如广东佛山陶制配件（包括船、筏、舍、塔、人物、水榭等）古意很浓，布置在盆内，画面有仿古韵味；现代楼宇、高压线塔、公（铁）路桥梁等形成时代画面，残庙、破塔呈古迹胜地；江南水乡多小舟渔捕；桂林山水多竹筏鱼鹰等。

(5) 增强盆内空间感

盆内构图中空阔的水面作为虚的处理手法，如果安排好近大远小的透视比例来布置配件，既增加了层次又加深了画面的广度与宽度，是小中见大必不可少的手法。

(6) 以配件作为盆内“主题”或借配件来命名作品

如“秋江帆影”“秋江垂钓”“秋江渔隐”“秋山行旅”“秋水野渡”等，画面中是用同一盆的山水画面，不过调换了不同配件内容而换得上述不同题名。

配件还具有调节、组织、联系画面的作用，使虚中有实、实中见虚、重中变轻，甚至可用配件弥补画面中某些不足之处。

62. 怎样进行配件的布置？

在山水盆景内布置配件，并不仅仅是要表现题材的意义，也起着装饰作用，目的是为了求取整体画面美好的效果。

(1) 每件作品内所展示的配件不是随便拿来放入盆内的，要恰当合理地设定大小比例、透视关系、所处位置、款式内容等，再具体制作（或改制）。

一件作品中配件处置得好，首要是主配件的大小、款式、位置等的科学与合理性；其次，各配件围绕主配件做远近大小的各种调节。

(2) 作品内的配件尽可能和主题协调，以产生恰当的呼应与对比。例如险峰之下一叶轻舟，产生静与动、大与小、重与轻、上与下的对比及呼应。又如，峡谷之中漂出一排竹筏，产生动与静、竖与横、刚与柔的呼应与对比。配件必须和主题（主体）协调呼应，增添作品情趣，形成各种对

比。如悬崖峭壁处点缀小亭，供人登高远眺，更显惊险，亭成为景中之景；再如，岸畔平滩设置水榭、泊舟给人心旷神怡之感……

(3) 设置每个配件就是增添一份内容，所以要合乎生活规律、合乎自然法规。如山脚近水处宜居人家；水湾平滩处泊舟作渡；溪沟上跨设板桥；山平处建寺舍庙宇……当然，为描写古人劳动智慧结晶的建筑另当别论。

(4) 每盆中的配件要因内容需要而考虑数量多寡，配件要以少胜多、以简胜繁。杂了，则冲淡主题，会喧宾夺主；少了，则显得冷清，有山寂地疏之嫌。因此，点放配件要恰到好处。

(5) 设置配件要露藏得宜，该露则露，该藏则藏，以露为主，以藏为辅，藏得巧妙景观更深，藏得巧妙可以少胜多，这也是山水盆景中“小中见大”手法之一。

(6) 注意聚散疏密及主次对比的结合变化。每件作品中的配件有主有次，布置忌远近不分，忌平均相似（包括各自距离上的相似、体态上的相似、高矮起伏上的相似），要重视疏密变化，如水中白帆忌等距离、同大小、一式模样长蛇阵排开，村舍布置屋宇不要兵营式列队，应三三两两、高矮起伏，各有节奏等。款式要统一，质地不能杂乱，和谐划一的配件才舒适。配件的统一性及整体感不容忽视，不然会分散观者的注意力，松散了构图的严谨性。

63. 几架的特点是什么？

精美的盆景须配上精致的几架。这样，便能更具观赏价值，增加盆景美感，同时美的几架也是厅室的装饰品之一。

几架常用各类名贵的硬木或天然的树根与树枝，经打磨抛光涂饰制成，也可用斑竹、紫竹等竹类材料制成。其特点是朴素、自然。用于室外陈设盆景的几架，一般用高标号的水泥制成，结构牢实，且防腐蚀。

几架按形式分类主要有博古架、书架、窗架（墙窗）、窗台、单独高几、高低连几、矮几、书卷几、鼓凳几、扁几等；按制作材料分类主要有竹几、藤几、树根几等。几架的形状主要有圆形、方形、椭圆形、六角形、长方形等。制作几架的材料主要有红木、楠木、紫檀木、黄杨木、银杏木、枣木与各种竹类、粗藤、树头以及瓷制品等。

几架的颜色通常为黑色、褐色、紫色、棕色等。几架的颜色要稳重端庄，一般不宜用浅淡的颜色，如果几架颜色过浅，则显得头重脚轻，极不协调。

一般来讲，几架的配置应视盆的形状、大小及盆树的形式而定。长方形盆宜置于案台或长方几、书卷几上；悬崖式的盆景则配以高几；圆盆、方盆的盆景单独配圆几、方几；两盆以上的盆景组合，应配子母几、三连几或套几；各种小巧玲珑的微型盆景，应配置博古几架。总之，几面要比盆的底部稍大。

64. 盆景制作需要哪些工具?

（1）制作树木盆景的主要工具

①枝剪：用于修剪不需要的树枝和树根。

②剪子：用于修剪较细的根须和小枝叶等。

③鸳鸯锄：以便野外采集树桩。

④手锯：用于锯截树木主干和较粗壮的枝条和根。

⑤榔头：用于修理工具和敲打配石。

⑥手钳：用来缠绕铁丝和截断铁丝。

⑦刀子：用于雕刻树干，使之受伤后形成树瘤、树疤，而成自然界中老树之貌。

⑧凿子：用法与刀子同。

除了上述以外，还有小铲、起子、水壶、喷雾壶、喷雾器、水桶和瓢等。

（2）制作山水盆景的主要工具

①工作台：这是制作山水盆景所必备的。要求台面平整、坚实，可用钢筋混凝土制成，也可用原木板做成。

②手镐：用于雕琢、敲击山石和加工山石洞穴、纹脉沟凹等，以达到造型目的，同时也可用来挖掘树桩、采集山石和翻盆削土等。

③锯：用于切割山石。软石可用钳工锯，但不耐用，硬石必须用切石机进行切割。

④锤子：用来破击石头。也可对山石进行粗加工。

⑤凿子：用于破石和加工洞穴、沟槽等。

⑥毛笔：用于清洗附于山石和盆底之上的水泥和涂染颜料于山石、水泥之上，使之色彩调和统一。

此外，还有砂轮、铁丝、金属刷等。

65. 盆景制作主要包括哪几个步骤？

(1) 树桩培养

将树桩培养成符合盆景制作要求的大桩，并进行艺术造型。一般有两个途径，一是从幼苗繁育开始，然后对苗木进行培养；二是从野外挖回的老龄树桩开始，然后对树桩进行养坯、造型。树桩培养不仅包括嫁接、施肥、浇水、病虫防治、树体矮化、促进花芽分化、保花、保果等栽培技术，还包括树干扭曲处理、修剪枝叶、树木蟠扎、雕干、提根等造型技术。树桩培养是盆景制作的基础，关系到盆景制作的成败。

(2) 造景设计

对盆景进行艺术造型的整体设计，包括树桩造型、其他植物配置、山石配置、配件配置、盆钵选择等。要通过对不同树木的形态进行细致的观察，以及盆景观赏的要求，进行艺术性的设计。

(3) 树桩上盆

根据设计要求，首先选好盆钵，新盆要在水中浸泡 24 小时，俗称“退火”；对于旧盆，要清洗干净，然后用福尔马林、高锰酸钾或杀菌药剂消毒，消毒后将盆清洗干净。盆钵清洗晾干后在盆底垫好瓦片或塑料网，塑料网一般垫 2～3 层，盖住盆底排水孔，依次放入粗沙、细沙和培养土。然后置树桩在预定设计的位置，注意树木的直、斜、卧、屈等姿态要符合设计要求，栽植不要过深或过浅，一般使根部稍露出土面。最后将培养土填到盆钵的预定高度，压实、浇透水。

(4) 配石放置

按照设计要求将山石加工成预定形态，并摆放到预定位置，一般为达到稳固的要求，将山石下部的一小部分埋入土中。

(5) 种植青苔

对盆面进行苔藓和小草种植，也可在树桩上盆后置于阴凉处让其生苔，避免盆土因浇水等被冲刷，同时增加了美观性，使盆景看上去生动而活泼，富有自然野趣。

(6) 配件点缀

按设计要求将配件放到预定位置，不求多，但求精，而且要点缀到位。常用配件有人物、动物、小桥、亭阁、舟楫等，有金属质地和陶瓷质地之分。

(7) 整理完成

对树木枝叶最后整形、修剪，达到精细、美观的要求；浇透水，刚上盆的盆景宜在阴凉处放置约一周后转入正常养护。

66. 盆景植物繁殖有哪几种方法？

盆景植物的繁殖方法基本上分为两大类：一类是有性繁殖，即种子繁殖；另一类是无性繁殖，即用植物的根、茎、芽、叶，以扦插、压条、分株、嫁接等方式来繁殖新体。无性繁殖能保持母体的特性，而且开花结果快，故盆景用的植物以无性繁殖方法居多。

(1) 盆景植物播种繁殖技术

凡能开花结果的植物，都能用种子繁殖，如松柏类、枸杞等。用播种的方法可获得大量的苗木，成本低廉，也便于造型，但成型时间长。而且，有的植物通过实生苗途径繁殖还可产生新的品种。

①选择繁殖用的种子，应取自发育健壮、无病虫害的植物母本。在果实成熟时，要及时采收，过迟则种子容易散失，过早则种子尚未成熟，不易萌发。

②贮存采集后的种子要晒干或阴干，并脱粒，清除杂质。花木种子一般适合贮存在通风、低温、干燥处。

③播种时间多在春、秋两季进行，一般在 3 月中、下旬至 4 月初，或 9 月中、下旬至 10 月上旬，以春季播种最为常用。另外根据植物品种和气候条件，灵活掌握具体播种时间。

④常用的播种方法有地播、盆播等。播种深度以种子大小为依据，大的深些，小的浅些，一般盖土的厚度以种子直径的 2～3 倍为宜。

(2) 盆景植物扦插繁殖技术

扦插即取植物一部分插入介质中，经过精心养护，使之长出新的根、茎、叶，成为一个独立的新体。凡生命力强、易于生根繁殖的植物，都可以扦插繁殖，如迎春、桶树、六月雪等。

扦插时多在早春或晚秋，此时昼夜温度变化大，宜于养料的积累，对生根有利。扦插又分为根插、枝插、叶插等几种形式，其中以枝插最为常用。扦插时，应选择 1～2 年生，粗壮而无病虫害的枝条的中上部作为插穗，插条的长度以保留 3～4 个芽为宜。

(3) 盆景植物嫁接繁殖技术

嫁接就是将植物枝、芽的一部分接在另一株的适当部位上，使其愈合生长，成为一个完整的植株。嫁接法的优点是成型快，可以提前开花结果，对有些花木还有矮化作用。嫁接是观花、观果盆景材料的主要繁殖方法。可根据不同树种、不同季节，采用不同的嫁接方法，切接、劈接、芽接、腹接、套接、靠接、胚芽接均可。

对一些不易扦插成活又不能进行播种繁殖的植物，可采用嫁接的方法来繁殖。五针松、锦松等都用腹接法，接活后接口不明显，如接不活砧木还可继续利用。白玉兰、红枫、垂丝海棠、柑橘、寿星桃、豆梨等可采用短枝搭接法，又叫块状枝接，常用切接、皮下接等法。

嫩枝嫁接法是在得到一棵姿态理想的老桩，而它的品种不佳的情况下应用的。方法是在老桩的许多嫩枝上，接上品种优良的嫩枝。如将优良的“骨里红”品种嫁接到野生梅桩上，培育成“骨里红”梅桩盆景。

(4) 盆景植物压条繁殖技术

压条繁殖在盆景树桩培育中也经常使用。压条繁殖又可分普通压条法、壅土压条法和高压法三种。这对取得理想的盆景植物材料，有重要的应用价值。

对蜡梅、迎春、栀子花、夹竹桃等丛生灌木，可选取符合盆景要求的枝条进行普通压条法。将近地面一两年生的枝条预先刻伤，再弯曲埋入土中，深约 10～20cm，生根后可与母株分离栽培。

对火棘、六月香、栀子、杜鹃、贴梗海棠、牡丹等萌蘖多及丛生性强的植物，还可用壅土压条法。被压之枝不需弯入土中，只在基部培土，生根后即可分离栽植，因此更适于一些不易弯曲的植物种类。分栽时期宜在晚秋或春季。

山茶、桂花、米兰、梅花等基部不易发生萌蘖，或枝条太高不易弯曲的贵重植物，常用高压条法。应将枝条进行刻伤处理，然后用竹筒、花盆、铁罐、瓦罐或塑料袋等套于刻伤部分，并固定在较粗的枝条上，罐中填以苔藓、腐殖土等，以后注意经常浇水，保持湿润状态。通常在春季进

行，至秋季长好根系即可剪下分离移栽。

(5) 盆景植物分株繁殖技术

分株就是将植物根茎部萌发的新蘖切开，育成独立的新植株。用分株法繁殖，简单易行，成活率高。凡根系发达的灌木类、藤本类及竹类等，都可采用分株法进行繁殖。六月雪与观赏竹可在初夏时结合移栽进行分株；云南黄馨可在四五月或八九月进行分株；蜡梅可于花后分株。

67. 盆景艺术造型要诀是什么？

(1) 古

古即盆景古雅、多姿和苍朴古拙的形象。这种造型多为树桩盆景，以松、柏、榆为主，也可用杂木树桩，经多年修剪后，从树干、根、皮、枝、色等方面显出古态，犹如曾饱经风霜的百年古树，塑造古老苍劲的形象。制作树桩盆景，其树桩选择的要诀是：古老、叶小、枯梢、过桥弯腰等。

(2) 幽

盆景由茂密的植物和山石构成，多表现深山幽谷、丛林小径、急溪深涧的自然景色，给人以十分幽静、回归自然的感受。

(3) 雅

雅指雅致、高雅。

以兰为主，形成幽雅、温馨的气氛，水竹、棕竹等植物盆景也能使人感到高雅、朴素。

(4) 俏

以梅为主，形成俏丽多姿的格调。梅花盆景色、香俱佳。南宋诗人杨万里有咏梅诗云："初来也觉香破鼻，倾之无香亦无味。虚凝黄昏花欲睡，不知被花熏得醉。"

(5) 雄

雄指雄伟、浑健。

以山石为主，配以树木、建筑，气势磅礴，姿态雄伟，既可表现山石盆景中的高峻，也可表现树木的高大挺拔。

(6) 险

以山石为主的陡峭崎岖之势，既可表现山石盆景的悬崖峭壁，也可表现悬崖式盆景的树桩景色，常给人望而生畏之感。

(7) 清

以竹为主，幽雅清新。竹类植物四季常青，清风吹来，簌簌有声，给人幽雅清新、清秀明快的感觉。

(8) 秀

盆景用材广泛，有山、水、花、木等，构成秀丽的景观。通过对山石、水境、花木的精心设计和布局，表现大自然的秀丽风光，多见于水旱盆景。

(9) 奇

盆景用造型奇特的山石，并配以姿态优美的植物，构成奇丽险峻的胜景。

(10) 旷

盆景既可表现水面空旷宽阔的海滨、湖泊、江河水域风光，也可表现宽阔的沃野或丛林，给人以空旷开阔的感受。

68. 盆景制作技法包括哪些内容？

树桩盆景制作技法主要包括工具和材料的准备、盆景树木的选择与采集、苗木的培育、坯桩的栽培和管理、造型构思、树桩盆景的艺术加工与造型（蟠扎、修剪、雕干、提根、上盆）、树桩盆景的养护管理（浇水、施肥、换土、控型、病虫害防治及盆景放置）七个方面。

山水盆景制作技法主要包括选石、劈石、锯截、布局、外形加工、磨洗及刷石、组合及审定修改、胶接、浇塑及黏合、栽植树木和铺苔、点缀小植物及配件。

69. 盆景树木弯曲造型有哪几种方法？造型时应注意些什么？

为表现树木的柔婉和流畅等形象，常采用棕丝、金属丝、木棍等辅助材料，借助各种外力，或采用穿、切、扭曲等方法，将刚直的树木枝干按创作意图弯扭成各种形态，这就是弯曲技艺，又称蟠扎技艺。常用的弯曲方法有：棕扎法、金属丝蟠扎法、铁丝捆扎拿弯法、金属丝牵拉助弯法、曲木助弯法、木杈支撑牵拉法、木棍扭曲法、造型器弯曲法、锯齿助弯法、穿透助弯法、切割助弯法及刻槽助弯法等。各地可根据本地习惯、造

型形式、现有材料等，因地制宜选用。

在造型弯曲时，应注意以下几方面的问题：

(1) 造型应选择生长比较稳定、长势比较旺盛的树木，以免树木弯曲后导致生长衰弱而死亡。

(2) 为减轻造型弯曲的难度，在弯曲前树木应选择最佳的上盆角度或地栽的栽植角度。如将“曲干式”主干斜栽则可减少“悬崖式”的弯曲造型工序，而“直干式”的主干斜栽则又可减少“曲干式”的弯曲造型工序。

(3) 弯扭操作宜在晴天盆土较干时进行。如在雨天或浇水后进行，则会因树木的树干含水分过多而易于折断，且根系容易松动损坏。

(4) 应特别强调的是，在弯曲干、枝部位时，应预先适当扭动旋转，使其木质纤维稍有松动，并应扭动重复数次，使其韧皮部、木质部都得到一定程度的松动和锻炼，达到“转骨”的作用，这叫“练干”。如不练干，一开始就用力弯曲则易折断。而且应该边旋扭边弯曲。

(5) 矫枉必须过正，不过正不能矫枉。拿弯要比所要求的弯曲度稍大一点，这样过一段时间弯度正好。

(6) 松柏类及其他萌发力较弱的树种，应在休眠期或生长缓慢时进行弯曲造型。

(7) 及时解除蟠扎材料。弯曲造型后经过一段时间，已弯曲的树木应及时解除蟠扎助弯物或辅助配件，以免影响树木的生长和整体的美观。解除时一定要千万小心，因干、枝经过蟠扎后有伤痕，使干、枝变得容易折断。

70. 盆景蟠扎对时间有何要求？

(1) 树桩盆景蟠扎应避开寒冬季节，选择对植物损伤最少的时候进行。

在中国广大土地上，除了岭南一些地区以外，全国绝大部分地区绝大多数树种都存在明显的休眠期。即使一些常绿的树种，如松柏类、黄杨、六月雪等在冬季绿叶不凋，但其生理机制也处于休眠或半休眠状态。在寒冷的气温下，这些处于休眠或半休眠状态下的树枝是很脆的，在这时蟠扎，略不小心，便会弄断枝杈。即使没有断下来，只要是伤了些皮，在春季萌动时也会从伤处死掉，出现掉枝现象。只要略有育桩经验的人是不会体会不到这点的。在广大的华北地区，入冬以后更要注意，不可随意动手

蟠扎，以防造成不可挽回的损失。

(2) 树桩盆景蟠虬的时间应因蟠扎手法和蟠扎程序的不同而异。

在冬季，树桩进入休眠后，树叶落尽，枝条全都清楚地裸露了出来，这时易于观察桩形及枝条的走势，易于决定树桩造型方案。可对枝条做幅度不大的蟠扎或牵拉，以不伤枝皮为度。如需做大幅度的牵拉或细密的蟠扎，应在春季树桩复苏前，或新枝长至半木质化以后进行，在树桩萌芽前，枝条绵软，正适于蟠扎。即使在蟠扎中略有伤枝，只要有一半的枝皮尚连着，经包扎固定，待其复苏后，不久也会生长连接上去，不会产生掉枝现象。

在树桩刚刚萌芽时不可进行蟠扎。因为这时枝芽附在枝的皮层上，略一碰动，即会产生掉芽，造成以后造型的缺憾。等到新枝抽出，长至半木质化后，枝条正软，易于蟠扎。这时树桩生长快，定型也快。对于较粗的枝做蟠扎（或牵拉）有困难，需进行剖锯处理，应在春季树桩萌芽前进行。至于如何竖剖、横锯、修端，如何加衬、绑缚，一般桩景书中都有介绍，这里不再赘述。

(3) 树桩盆景的蟠扎方法因树桩长势不同而异。

有的树桩虽已一年，或二三年，但长势太弱，枝条不够发达。对于这类树桩在蟠扎时应谨慎从事。最好简扎或不扎，以防影响树桩的生长，甚至影响树桩的成活，可在春季进行换土（用一般园土即可，不可用土过肥，以防烂根），让其继续生长，待树桩长势旺盛以后再予以施艺。

而有的树桩长势特别旺盛，这类树桩在当年即可动手进行蟠扎。如榔榆、石榴、梅、对节白蜡等，在长势旺盛的前提下，当年 6—7 月即可进行修剪和蟠扎。若是等到来年枝条已长粗时，反而不易蟠扎造型，蟠扎难度增加，影响树桩造型效果。

(4) 树桩盆景蟠扎应因育桩时间长短不同而异。

刚培植一年的树桩，在来年枝芽萌发前，应对上一年生长的枝条根据造型的需要进行强剪，蟠扎以简为好。对于多年培植的树桩需做细部处理时，可进行细密的蟠扎。对于当年采回来的树桩，即使桩上留有枝条，也尽量不做蟠扎或牵拉，如对这些枝条进行蟠扎或牵拉，必定影响树桩的生长，进而影响树桩的成活。在这方面千万不可急于求成，应让其顺利生长，待来年复苏前，再根据树桩的长势斟酌蟠扎办法。

另外，还要补充说明的是，蟠扎并不是树桩盆景造型中必用的手法。

如岭南地区气候温暖，植物生长期长，生长旺盛，盆景造型中多用“蓄枝截干”的手法，而很少采用蟠扎。今天的盆景制作中，人们倡导“师法自然”“回归自然”，蟠扎手法使用也并不多。同时许多盆景流派也不全都主张以蟠扎为主的造型手法。总之，蟠扎是树桩盆景造型手法之一，通过蟠扎，桩景成型快，省时，特别适应盆景的商品化生产。但在运用这种手法时，不可不注意这种手法操作时间上的讲究。

71. 盆景蟠扎有什么技术要求？

（1）在缠绕铝丝前要先试扭枝条。

（2）选用合适粗度的盆景造型丝（常用铝丝），铝丝粗度一般为所蟠扎枝条粗度的 1/5，如果是枝条韧性较差的品种，铝丝应该在 1/5 的基础上更粗一些，如罗汉松和一些杂木。铝丝长度是枝条长度的 1.5 倍。

（3）选好着力点，一根铝丝最好缠绕 2 根枝条（使用肩跨技法），蟠扎主干时，铝丝一头要插入植株的根盘内固定。

（4）把握好蟠扎方向，铝丝的缠绕方向应该和枝条的扭动方向一致。

（5）把握好蟠扎角度，蟠扎枝条时第一圈应零角度绕一圈，以便着力，之后以 45°角蟠扎，蟠扎紧度以紧贴树皮即可，遇到枝节要缠在节上，以防在枝节处折断。遇到枝条较粗或者需大角度造型的枝条，铝丝可以缠绕得密一些，枝条较细无须大动作的，可以缠绕得稀疏一些。

（6）扭动枝条时，扭动方向要与蟠扎方向一致，慢慢扭动，不能一步到位。

（7）把握好蟠扎时间，选择对植物损伤最少的时候进行。

72. 怎样弯曲盆景植物的枝干？

在树木盆景造型过程中，枝干弯曲是造型不可缺少的重要的内容，通过弯曲来改变枝干原来的形式，合理占有空间方位从而达到形式美。在我国传统的树木盆景造型中，多用棕丝、棕皮来蟠扎，弯曲调整枝干。其棕法技巧仍值得借鉴。

传统棕法蟠扎不易伤害植物，工整秀丽，但技术要求高，工时长。金属丝蟠扎易于操作，可随时进行，得心应手，省工省时，且难拆卸。所以

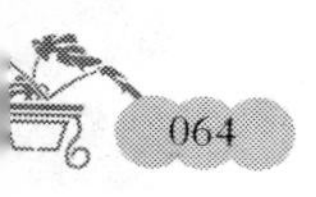

弯曲蟠扎时，可根据制用者的喜好及造型需要，选用棕丝或金属丝，也可金、棕并用。

对枝干的弯曲，要了解不同树种的习性，根据粗细，把握好时间季节，灵活运用不同的方法。尤其对主干的弯曲要做到胸有成竹，能弯到什么程度，就弯到什么程度。亦可分阶段逐步加大弯曲度，弯曲时注意保护木质部和表皮。对于一些粗干，造型可弯可不弯的，尽量少弯或不弯。小苗培育的盆树材应自幼弯曲蟠扎，山野采挖的大型盆景树桩可通过改变种植形式或巧借树势来减少弯曲度。

(1) 金属丝蟠扎：常用的金属丝有铜丝、铅丝、铁丝，根据蟠扎树材的粗细、韧性、色泽，选择不同粗细的金属丝。因金属丝强度大，易损植物表皮，可用弹性好且质地软的牛皮纸、棉布、塑料制成带状，将金属丝包缠起来，必要时也可将蟠扎的树干包缠起来。注意及时拆卸，以防金属丝嵌入木质部。

蟠扎应先主枝，后次枝，再小枝，由下往上、由里往外、由粗至细。将金属丝始端固定，可一根，也可两根并用，贴紧枝干，按金属丝和枝干的相切 45°角向上攀绕，至需要的位置时，将金属丝末端紧靠树皮，不得翘起。

杂木类宜在生长季节蟠扎，在半木质化时最适宜，此时枝条生命力特别旺盛，即使折裂，也容易愈合。松柏类宜在休眠期蟠扎。

(2) 棕丝蟠扎：视被蟠扎枝干粗细，将棕丝捻成不同粗细的棕绳，根据枝干生长的位置、弯曲形式，找出最佳的蟠扎点与打结的位置。开始的蟠扎点应尽量选择分枝、树节，或粗糙处，以防棕绳滑动。如蟠扎点光滑，可用棉织物缠绕。弯曲间距视枝的粗细、硬软程度，灵活掌握。枝条细软间距可短一些；硬且粗的，间距可长一些，弯曲部内弧处用锯拉口，深度小于干径的 1/2，并用麻皮缠住伤口。除传统蟠扎外，自然式造型的可根据需要适时蟠扎。蟠扎对树干有伤害时，可在早春进行，利于伤口的愈合。蟠扎顺序为先扎主干，后扎大枝，再扎小枝。扎枝叶时，先扎顶部，后扎下部。

(3) 金、棕并用蟠扎：金属丝对小枝的绑扎时间快、效果好且有力度，但对较粗枝干的弯曲，较为困难。而棕丝蟠扎无论粗细皆可。棕丝蟠扎主要通过两点的收缩，使枝条弯曲，其弯曲的形式，柔多刚少。因此，金属丝和棕丝并用能取长补短，刚柔相济。主干枝的弯曲用棕丝蟠扎、牵拉，小枝条的弯曲用金属丝绑扎。

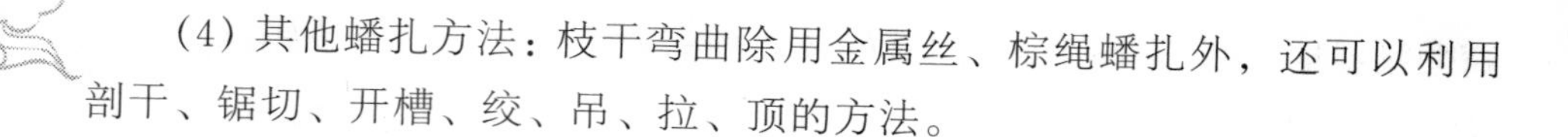

（4）其他蟠扎方法：枝干弯曲除用金属丝、棕绳蟠扎外，还可以利用剖干、锯切、开槽、绞、吊、拉、顶的方法。

73. 怎样进行棕丝蟠扎法弯曲造型？

棕丝是从棕皮中抽取的一种韧性、拉力、耐磨性均很强的植物纤维丝。棕丝蟠扎法就是利用粗细不同的棕绳或棕丝，对树木干、枝进行绑结、拉紧迫使其弯曲成型的方法。该技法历史悠久，在传统的扬派、川派等盆景中应用最广。棕丝具有与干枝颜色协调，加工后基本不影响观赏效果，且不易损伤树皮，定型后拆除方便等优点。但它操作难度大、工艺复杂、费时费事、不易掌握，这就给应用上带来困难，故现在一般较少采用。蟠扎时，选择的棕绳或棕丝要粗细适当，经浸水后将棕绳缚住干枝下端（或打一个套结），在干枝上端打一个活结，然后均匀用力，使干枝逐步弯曲至所需弧度，再收紧棕绳打上一个死结固定，即完成一个弯曲，弯曲呈月牙形。这个着力点的选择，直接影响枝条弯曲度的大小、方向。因此，棕丝蟠扎的顺序应先主干，后主枝，再侧枝；先树顶部，后下部；对同一枝片则先大枝，后小枝；但弯曲树木主干时，则先基部，后端部。川派、苏派、通派、徽派盆景老艺人在长期实践中总结出了许多的棕丝蟠扎技法，称为棕法。其中扬派的 11 种棕法为：套棕法、撇棕法、扬棕法、底棕法、平棕法、连棕法、靠棕法、挥棕法、吊棕法、拌棕法、缝棕法。对要求干枝有连续弯曲处，可用“套棕法”，即一弯接一弯，连续扎结，但此法只适合弯曲转向平行进展的造型。对于不同弯曲转向变化的造型，宜用“分棕法”，即扎一个弯，断一次棕丝（绳）。

我国传统“扬派”树木盆景根据“枝无寸直”的原理，在其具有显著风格的“云片”蟠扎造型上，每根枝条都扎成细密的弯曲造型变化，使其“寸枝三弯”，把棕丝蟠扎技艺发挥到了细微极致的程度。

74. 怎样进行金属丝蟠扎法弯曲造型？

金属丝蟠扎法是采用粗细不同的铜丝、铝丝、铁丝等金属丝，利用其坚韧性和可塑性，对树木干、枝进行缠绕，并使之弯曲成型。此法具有材料来源广泛，简单易行，操作方便，弯曲自如，整形速度快，造型效果

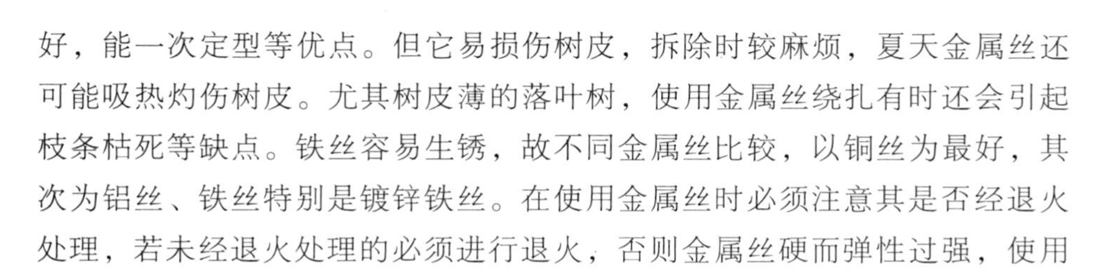

好，能一次定型等优点。但它易损伤树皮，拆除时较麻烦，夏天金属丝还可能吸热灼伤树皮。尤其树皮薄的落叶树，使用金属丝绕扎有时还会引起枝条枯死等缺点。铁丝容易生锈，故不同金属丝比较，以铜丝为最好，其次为铝丝、铁丝特别是镀锌铁丝。在使用金属丝时必须注意其是否经退火处理，若未经退火处理的必须进行退火，否则金属丝硬而弹性过强，使用不方便。

使用金属丝蟠扎的时期必须适宜。一般针叶树蟠扎的最佳时期是 9 月至翌年萌芽前。落叶树蟠扎较好的时期是休眠期或秋季落叶后。这时期叶子脱落，枝条清晰可见，操作便利。但早春易碰落嫩芽，故亦可在春夏枝条木质化后蟠扎。特别是梅雨季节，它是一切树种进行蟠扎的最佳时机。对一些枝条韧性大的树种如六月雪，则一年四季均可蟠扎。

金属丝蟠扎在操作时应注意以下几个方面：

(1) 树木造型前应停止浇水，保持盆土干燥。这样既不会因蟠扎摇动而伤根，又可使枝条较为柔软，弯曲时不易折断。

(2) 金属丝粗细和长度的选择。操作时应根据干、枝的粗细及木质的软硬程度，选用适度粗细的金属丝（铁丝一般可分为 8 号到 24 号）。太粗了操作费力且易伤树皮以致造成折断干枝，太细了机械强度不够而达不到造型的要求。所剪截的金属丝长度约为干、枝长度的 1.5 倍左右。

(3) 缠绕麻皮或尼龙扎带。即用麻皮或尼龙（塑料亦可）扎带先行缠绕于干枝上，以防金属丝勒伤树皮，亦可防止弯曲时树皮撕断暴裂。

(4) 金属丝端点固定。在金属丝绕扎前，先在干枝蟠扎部的下端附近找一干枝交叉处（如邻近的小枝基部、干枝交接部、孔洞部位等处）将金属丝一端先行固定。可用一条金属丝做肩跨式，将金属丝中段分别缠绕在邻近的两个小枝上，同时用一条金属丝对两个枝条进行弯曲造型，既省料又方便。

(5) 蟠扎。蟠扎时金属丝应紧贴树皮，金属丝缠绕的方向一定要与干枝弯曲的方向一致。即干、枝如往右弯曲，则金属丝就应顺时针方向缠绕；干、枝如往左弯曲，则金属丝就应逆时针方向缠绕。在干、枝上的金属丝缠绕角度与干、枝约成 45°角，角度太大时，缠绕圈太稀弯曲力度达不到要求；角度太小，则线圈过密易成“铁树”，影响枝条生长。缠绕时，应由下到上，由粗到细，要间隔一致，松紧适宜。若一条金属丝缠绕后仍强度不足无法弯曲成型时，为加强力度可重复缠绕。即用另一条金属丝沿

着已蟠扎的金属丝走向蟠扎，应避免反方向交叉缠绕，防止交叉缠绕形成“×”形。

(6) 拿弯。拿弯时应双手用拇指和食指、中指配合，慢慢扭动多次进行“练干”，再边扭动边弯曲到位，达到校枉过正。若不慎树干折裂，可用塑料薄膜包扎后用绳子捆扎补救。

(7) 蟠扎后管理。蟠扎后 2～4 天要浇足水分，最好避免阳光直射，并增加叶面浇水。蟠扎后粗干 2～3 年才能定型，小枝定型也得 1～2 年。定型期间应看情况及时松绑。否则金属丝嵌入皮层甚至木质部，造成枯枝或枯株。解金属丝应自上而下，由外及里，并与绕时反方向解除。应小心操作，勿伤枝叶。如发现金属丝嵌入树皮，应采用钢丝钳将线圈剪断，分段拔出，不可粗鲁行事。

75. 盆景植物蟠扎后如何养护?

(1) 完成蟠扎后要立即对植株喷水，并喷撒多菌灵或百菌清溶液防止感染。

(2) 如果制作幅度较大且植株品种不宜萌芽的，要适当遮阴，一般遮阴 60%，并且经常对场地和植株喷水，保持场地小环境湿润。杂木盆景在遮阴喷水 1～2 周后，待新芽微微萌发，可以逐步见阳光，一个月后转入正常管理。松柏类盆景一般都在休眠期进行制作，因此在不换盆的情况下，只需经常对植株喷水即可。

(3) 蟠扎完成后一般不宜马上翻盆，待植株适当缓苗后比较好，但是在休眠期制作除外。如果杂木盆景修剪过多，且原盆体积较大，可以翻盆或换盆，以便平衡根冠比，松柏则在休眠期制作，春季萌芽前翻盆较好。

(4) 完成蟠扎的植株千万不能缺水，如果蟠扎伴随枝叶修剪过多，浇水可适当减少，见干见湿，偏干为宜。

(5) 蟠扎完成后不宜马上施肥，待新芽萌发时再薄肥勤施。

76. 枝干整形要注意哪些问题?

(1) 整形时间

落叶树一般在枝条尚未完全木质化的生长季节进行，常绿树一般在秋

天或冬天进行。在萌芽的季节不宜进行，因为新芽易受到伤害。

(2) 金属丝

操作前，先要准备好各种型号的金属丝。铜丝、铝丝柔软，又不生锈，是好材料。金属丝的粗细约为要扎缚枝条最粗处的1/3，长度约为枝条长的1.5倍。

(3) 准备工作

整形前，为了使枝条更柔软，便于弯曲，可在工作进行的前一天停止浇水，这对落叶树更重要，因为落叶树的枝条在弯曲时很易折断。枫树、石榴树树皮较薄，容易受伤，在扎缚金属丝前，先要在金属丝外卷纸，避免树皮受伤。

(4) 整形顺序

先主干，后主枝，再侧枝，从下往上，由粗至细。缠绑树干时，将金属丝的末端插至盆底，固定在土壤中，插金属丝的地方在主干后面，不使金属丝头显露出来。缠绕金属丝用顺时针或逆时针方向都可以，金属丝不能绕得太密，也不能太疏，以金属丝与树枝直径成45°角为宜。金属丝要紧靠树皮，不能缠得太松。缠绕小枝时，金属丝的一端先要固定，如一根金属丝缠绕两根邻近的小枝更好。金属丝绕到枝端时，要将金属丝头紧靠在树皮上，不能突出来。金属丝绕好后就可将枝条弯曲，边弯边顺着缠绕金属丝的方向轻轻扭旋，使金属丝始终靠着树皮而不松散开来。整形是重新排列枝条位置，改变树形的一种手段。举一个最简单的例子，如一棵细长的五针松小苗，其分枝都差不多长短，仅将树干、枝条弯曲仍显得平淡。若将它的一个侧枝改为正头，原来的正头改为主枝，则树形就富有变化，且分枝也长短不一了。

(5) 拆除金属丝

落叶树生长迅速，绕在小枝上的金属丝3～4个月后即可拆除，松柏至少要1年以后。枝越粗，金属丝在枝干上缠绕的时间就越长。如发现树枝长粗而使金属丝陷入树皮时要立即松绑。金属丝拆除后假如枝干向原形回复，需重新缠绕固定。为了使树木显得苍老，可将部分树枝或树梢的树皮剥去，或用钝刀刮去，然后在剥去树皮处的木质部涂石灰硫黄合剂，使其变白，从而产生年代久远的感觉。

77. 盆景植物枝芽有哪些特性？

(1) 枝条萌芽率强，耐修剪；

(2) 枝条节间短，叶小；

(3) 芽的异质性，枝条中部的芽比较健壮；

(4) 顶端优势；

(5) 枝条的韧皮部一般比较发达。

78. 什么是盆景植物的顶端优势？

顶端优势是植物生长的普遍现象，是指植物的顶芽优先生长从而抑制侧芽生长的现象。在一根枝条上，顶芽生长过于旺盛，抑制侧芽生长，形成徒长枝。一株盆景上部枝条的生长势超过下部枝条的生长势，使下部枝条生长瘦弱，所以在放养枝条时一般先放养下部枝条，经常对顶部摘心，去除顶端优势，使下部枝条生长旺盛，更容易达到预定粗度。

在松类盆景中，春季抽芽时，顶芽发育迅速，生长快，两侧的侧芽生长受到抑制，几乎不生长，通过摘心，使侧芽发育，从而使松树冠形完整丰满，增加分枝的数量，容易形成片层，为二次制作打下基础。

在一些蔓生性盆景中，主蔓不断生长极少产生分枝，并抑制侧蔓的生长，对主蔓进行打顶，可以促进侧蔓的发生，而且有利于开花。

79. 盆景植物的哪些枝需要改造？

盆景制作中若出现下列枝条，应考虑通过剪截及金属丝蟠扎等整形方法加以改造。

(1) 干前枝：在树干高度1/2以下的正面，直冲观赏者而影响干线条的枝，应施行整枝。

(2) 从生枝（轮生枝）：在主干同一高度环绕四周生长的枝条，多见于松树，同一层分枝太多，应根据创作的意图留下一枝，其余的都剪除，因为留多了不美观，又分散养分。

(3) 对生枝（扁担枝）：两枝从同一节上相对生长，形式呆板，没有错

落、无变化，只能留其一。如果就近无枝条变化，那只有一上一下错开成平行线的造型进行弥补。

(4) 腋间枝：生长在分枝与主干之间的再生枝条，应随时剪除。

(5) 根脚枝：在有好多不定芽的树种上时常见到，若不及时清除，严重的会影响美观和主体生长。

(6) 徒长枝：生长直而快的枝条很长，没有曲度变化，影响美观，有碍造型效果的应即时剪除，有助观赏的应保留两节，其余剪除。

(7) 片枝：侧枝偏于树干的一侧，使树势不均衡，应剪除。

(8) 平行枝：平行枝是指在树干同一侧的两点上，生长方向相同的枝条，平行枝上面的枝条掩盖了下面枝条的采光，两个或多个枝条呈平行状态生长，上下两根枝平行没有变化，并给人雷同无变化的感觉。可依据造型上的需要，错开修剪进行弥补，在两枝中剪去1枝，保留1枝；或将两枝蟠扎错位，在枝条造型上增添变化。

(9) 内膛枝：枝干内部生长的小枝，它阻碍通风透光，不利于枝干透光，应该剪去。

(10) 切干枝：粗枝横跨在干的前面，或经由前面绕至后面，使树形紊乱，应剪短或切除。

(11) 逆转枝：树枝由干向外伸展，中途反向干生长的枝应剪短或切除。

(12) 交叉枝：两枝交叉影响树形美观，需要剪除。

(13) 重叠枝：两个或多个枝条交叉重叠，既不利于通风透光，也降低了观赏价值，应该剪去。

(14) 丫权枝（蛙腿枝)：分枝似丫权状，太对称。

(15) 弯点枝：弯点枝生长在弯曲枝条的凸点上，破坏了枝条的优美曲线。在一般的情况下可以保留，如果要突出树枝的优美弧线，则必须将其剪掉。

(16) 顶心枝：顶心枝是指树木正对着观众的枝条。如果作为前枝需要保留，应蟠扎使其往左或右转向延伸，或在盆中转动树木后再定植，使其枝不指向观众。

(17) 贴身枝：贴身枝是指贴着树干生长的枝条，造成树干的分割而破坏流畅之美。通过蟠扎能改造其与树干的空间关系，否则得剪除。

(18) 大肚枝：大肚枝是指枝条由粗向细过渡之处，突显膨胀的枝条，

故显得极不和谐。造成大肚枝的原因是枝内有异物，例如蟠扎的金属丝陷入枝内便有可能形成此枝，遇此情况以修剪为好，如在造型上不能修剪，则应剔除异物，剜去隆起部分，包扎好树皮伤口，让其生长愈合。如榆树，如果经常修剪一个部位，极易产生树瘤。

(19) 病弱枝：有病害的枝条及显得枯萎或枯死状的枝条影响美观，必须剪除。

80. 盆景修剪有何作用?

(1) 剪除交叉枝，保持盆景优良树形；

(2) 去除徒长枝，保持盆景各部树势平衡；

(3) 清空内膛枝枯枝，改善树体内部的通风透光条件；

(4) 使营养生长转入生殖生长，促进开花结果，同时协调营养生长和生殖生长的比重关系；

(5) 协调植株根冠比，使植株生长健壮；

(6) 经常修剪，树势健壮，可减少病虫害的发生。

81. 盆景枝条修剪有哪些技术要求?

(1) 在正确的时间，用正确的方法进行修剪。

(2) 剪口下方一定要有芽或芽点，背芽斜剪，角度45°左右，减少伤口面积，剪口离芽0.5cm左右（但雀梅等易回缩的植物离芽2～3cm长为宜），不宜过近也不能留桩，剪口平滑，不能撕裂，以免影响愈合。

(3) 大型盆景的粗枝的锯除采用三步锯截法，分三次进行，第一次自枝条下方锯1/3深，第二次自上锯掉侧枝，第三次在基部修齐锯平，伤口平滑，大枝的锯除不能攀折，以免撕裂。此外，修剪大枝时要找准水线。

(4) 疏剪时不宜在靠树干处下剪，应根据枝条粗细不同，保留0.5～1.0cm的基部，这样，在愈伤组织形成后，树干凹凸不平，犹如疙瘩斑痕，显得古老苍劲。但是不能留桩过长，除非用作借力点。

(5) 利用预留的剪口芽方向形成枝条的走势，更加自然。

(6) 修剪各枝组时，不能长度距离相等，要有长有短，抑扬顿挫，同时及时回缩更新枝组（对杂木而言），以免各枝组之间脱节，形成过长的枝托。

（7）在截干蓄枝时，要等到枝条粗度达到预定粗度的 70%时才能修剪，以便形成良好的过渡。在同一件作品上不一定只使用一种枝式，可以多种枝式结合。如主枝使用飘枝或者跌枝，结顶使用上扬枝，各枝组上的枝叶可以不同。

（8）修剪时要以整体为重，整体树势要相同，不要过分追求一枝一叶。

（9）修剪次数不宜太频繁，要给盆景植物足够的生长时间，积累一定的养分。

（10）侧枝的出枝位置最好在主枝的弯曲处。

82. 何时修剪盆景最合适?

把握好修剪时间，选择对植物损伤最少的时候进行，落叶树以落叶后或萌芽前为好，常绿树修剪最好选择休眠期，生长期修剪只控制方向和形状，尽量轻剪。

（1）杂木盆景

一般一年四季均可修剪，以休眠期为好。

（2）观花观果盆景

要找准开花枝条的类型和开花时间，通常在即将进入花芽分化期时，进行轻度修剪（摘心打顶），使其从营养生长转入生殖生长，在花后、果后进行重修剪，平时适当抹芽，去除不需要的枝条。以梅花为例，开花通常在一年生枝条上，在夏初（6 月）对第二次芽（第一次芽放任生长）进行打顶，控制营养生长，在第二年花后重修剪一年生枝。

（3）观枝观叶盆景

落叶品种可以在休眠期（不耐寒的品种除外）或者春季萌芽前进行重修剪，一般萌芽前（2—3 月）较理想，因为冬季休眠期易遭霜冻，平时生长期做轻度修剪，保持株形即可。以杭州为例，杭州有 10 月小阳春之说，因此在九月不宜修剪，以免因为温度升高而大面积发芽，一进入冬季易发生冻害。在梅雨季节，因湿度大，降水多，如果修剪过多，使植株蒸腾量不够，水分供大于求，容易使根系腐烂，严重时会发生植株死亡。

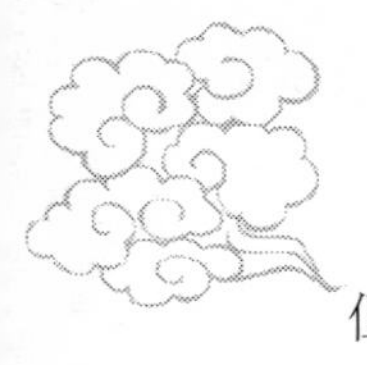

常绿品种每年主要发两次芽，分为春梢和秋梢，通常可以全年修剪，但在进入冬季之前应停止修剪，以免新芽发生冻害，在春季萌芽前修剪为好。

杂木盆景修剪不宜过分频繁，要给枝条足够的生长时间，如果芽一长高就立即修剪，如此反复，会使树势慢慢衰弱，严重时会发生局部死亡。

(4) 松柏盆景

松柏盆景通常在休眠期（10 月至翌年 4 月）进行修剪，以免流胶死亡，松类通常在春季萌芽时摘芽（去除 1/2），强芽先摘，弱芽在 7 天后再摘，同时进行修剪，主要去除顶芽，使植株多萌发侧芽，冠形丰满。

83. 盆景修剪有哪些方法?

(1) 修剪的原则

适时适当，因地制宜，因树而异。

(2) 基本手法

①短截

短截是对当年生枝条的修剪。

轻短截：剪去枝条的 1/5～1/4；

中短截：剪去枝条的 1/3～1/2；

重短截：剪去枝条的 2/3～3/4；

极重短截：只留 2～3 个芽。

②回缩

回缩是对多年生枝条（枝组）的修剪，主要是对成型盆景或者放养到位的盆景进行修剪，以及盆景树体的更新复壮。

③疏剪

疏剪是从枝条基部起把整个枝条全部剪掉。

轻疏：剪去 10%；

中疏：剪去 10%～20%；

重疏：剪去 20%以上，主要对枝条老化或者生长不理想的盆景进行更新复壮，对于生桩或下山桩的修剪，或者对盆景造型有较大改变，但是重疏不宜一步到位，应分批次操作，逐步疏除大枝（一般一年两枝），这样使盆景有一个缓冲期，可以维持根冠比，对生长影响相对较小。

特别注意：对于一些单水线的树种，如雀梅，疏除大枝需谨慎，俗话说“一路水线养一路根”，稍有不慎就会发生水线回路现象，即一条单一维管束输送线上只有一根大枝，如果疏除，极有可能这一路维管束全部死亡，也就是死皮现象，对于这类盆景，在养坯阶段就要想好设计，一旦成型，很难做大的改动。

④摘心（芽）

去除顶芽，控制顶端优势，调整营养生长，对放养枝条的摘心，有利其加粗生长。

⑤抹芽

在杂木盆景侧芽刚刚萌发时，去掉位置不理想的芽，如内堂芽，使树体养分集中供应位置理想的芽。

⑥摘叶

对生长旺盛且已经成型的杂木盆景，在生长期摘除叶片，促使其发芽，增加观赏期，如果叶片丛生密集，难以观看到曲折、苍劲、优美的树干，尤其是岭南派的大树型桩景，稀疏有致的叶片更能显示出枝干的奇特。在一些杂木类盆景中，摘叶还能起到使叶片变小的作用，如荆条叶大且萌发力强，一年之中可多次摘叶，随着摘叶次数增加，叶片逐渐变小，更显出清秀的魅力。

⑦疏花疏果

对观花观果盆景来说，花后及时去除残花败叶，在观赏期不影响观赏效果的情况下，花果不要一味求多，以免过分消耗树体营养。

⑧伤

环状剥皮：用刀在枝干或枝条基部的适当位置，环剥一定宽度的树皮，宽度为枝干直径的1/10，深达木质部，主要在树皮容易分离的时候（生长期）进行，对于观花观果盆景来说，可促进开花和结果。

刻伤：用刀在芽（或枝）的上（或下）方横切（或纵切），深达木质部，从而促进或抑制该芽（或枝）的生长，也可以在想要发芽的位置刻伤，从而逼芽（以上主要用于杂木类盆景），还可以在粗枝或者主干上挫伤表皮，待其愈合，可以使树皮斑驳，增加沧桑感。

⑨修根

野外挖掘的树桩可在第一时间进行修根处理，剪去直根、主根，保留须根。在盆景换盆时剪去枯根，并对过密的根系进行疏剪。

(3) 具体操作

①下山桩（生桩）

刚刚从山野挖取的树桩，要留芽点，根据设计，大胆裁剪，基本一步到位，但要留好预备枝，以防不测。

注意：野外树桩的节间一般较长，裁剪时要保留一定的长度，松类下山桩一般不做大规模修剪。

②放养中的盆景

a. 杂木类

定位剪：对下山桩的第一次修剪，确定主枝的出枝位置。

在南方地区可采用“截干蓄枝”的方法，第一级枝放养至预定粗度（一般3年），一般主干与主枝自然过渡，主枝粗度是主干粗度的60%～70%，回缩修剪，长度依造型而定（一般只留2～3芽），剪口斜剪，留好剪口芽，斜面一侧的芽生长受到抑制，剪口背面的芽生长受到促进，借此可以控制枝条的走势，形成一定的角度，第二级也是如此，以此类推，形成抑扬顿挫的枝条，基本为“之”字形。但每节蓄多长，以及保留多少小枝，都必须根据造型需要而定，要灵活处理，达到疏密有致，才能富有画意。

b. 松柏类

一般根据设计定好需要的枝条（大致框架），因为以蟠扎为主要手段，可变性比较大，难以预测，所以不需做较大修剪，只需摘芽摘心，增强树势，多发侧枝，以利于造型。

③成型的盆景

可继续采用截干蓄枝的方法，增加侧枝级数，日常修剪，适时摘心摘芽，短截当年生枝条，回缩过长的不协调的片层，保持树冠内通风透光，树形优美。

对于一些萌芽较强的杂木，可以使用“脱衣换锦”的技法，即在生长期摘除叶片，促使其发芽，增加观赏期。

84. 怎样剪截盆景植物的枝?

从造型来讲，修剪是为了改变枝干的弯曲形式和占有的空间位置，从而达到树木造型的目的。从养护管理来讲，修剪是为了保持和维护已成型

的树木景观。按造型顺序的先后，可分为定位剪、缩剪、疏剪等。

杂木类盆景一年四季均可修剪，松柏类宜在休眠季节修剪。梅雨季节雨水多，空气湿度大，树木生长旺盛，应少剪，或不重剪，大量枝叶被剪去会影响正常生长，严重时导致死亡。另外，接近秋末不可重剪，强剪后新芽陆续萌发，寒流一来会冻死嫩芽。重剪、强剪的最佳时间为 1—2 月份，树木处于休眠期。但一些不耐寒树种不宜在冬季修剪，因伤口较难愈合，易留疤痕。

一般来讲，树木长势强、生长旺盛的可多剪，生长瘦弱的则少剪。根据树木造型需要，通常要剪去杂乱的交叉枝、重叠枝、平行枝、轮生枝、对生枝、瘦弱枝、病态枝等。留下枝条的养分集中，可长得健壮。

剪口的端面应尽能避开大面与枝干相切为 45°角，叶芽留在斜口上侧方向。在生长期，可贴近叶芽修剪，利于伤口愈合。在非生长期，可在叶芽上端修剪。具体修剪方法如下：

(1) 定位剪：即指盆景造型第一次修剪，确定保留不同位置的枝条，剪去多余的枝条。山野采挖的树桩栽培成活后，萌发很多枝条，必须剪去大部分枝条，保留造型所需要的骨干枝条，这就称为定位剪。定位剪之后，确定了枝条的数量、位置及枝条间的相互距离，它直接影响树木盆景的形态美。

(2) 缩剪：是一种缩短枝条的修剪方法，也是树木造型和维护树景的重要措施。从造型来讲，通过缩剪使树木矮化，枝条丰满，自上往下粗细有度，弯曲有变，所以造型要注意三点：①被剪枝干与上节枝干的粗细过渡的比例适合；②缩剪时，留好芽眼的方向和角度，以调整新发枝条合理地占有空间位置；③缩剪枝节宜短忌长，第一节枝长于第二节枝，第二节枝长于第三节枝。从维护树景来讲，绝大部分成型的叶木盆景，每年生长季节抽出的徒长枝需要进行缩剪，以维护美的姿态。松柏类成型盆景主要依赖摘芽、摘心来控制超长枝，以维持原貌。而观花、观果盆景的缩剪，要按其不同生长习性，采取不同修剪方法。如紫薇、石榴、海棠等是在当年新抽枝条上开花结果，在休眠期可缩剪，在生长期则不宜缩剪。早春开花的迎春、梅花、碧桃等宜在开花后修剪，可促其翌年花果枝的形成。叶木类盆景可在初夏、初秋缩剪两次，休眠期进行强剪，除去各种忌枝。火棘、枸骨短枝上开花结果多，除休眠期强剪外，在春末夏初也可对当年生的长枝进行缩剪，并勤施薄肥，增加光照，促其夏秋生出短枝，增加花果

量。休眠期的强剪须适当保留短枝，确保翌年的花果。

(3) 疏剪：维持树木景观，并能提高通风、采光能力，降低病虫害的发生，养分集中，促使枝叶茂盛，花繁果硕。

疏剪时间根据强剪和弱剪的不同而有所差异，生长期枝叶繁茂，可随时弱剪，但不宜强剪。萌发力强的树种，如雀梅、榆树等，可避开梅雨季节进行强剪。剪后应减少浇水量，勤施薄肥，加强光照。在一般情况下，树木上端疏剪量可大些，下端疏剪量可小些，因为下端枝条要难长些。疏剪的对象主要为各种忌枝，以及过密的枝冠，在上下枝冠同等重要的情况下，应尽量留下剪上，使上端枝冠的体量小于下端枝冠的体量。疏剪后，树冠生长受到压抑，会萌生许多新枝条，应及时剪除。

(4) 抹芽：发芽力强的树种在生长季节发芽既多且快，要不厌其烦地及时抹去一切不需要的芽，包括根芽、干芽及腋芽等。同时要注意保留芽的方向、位置和密度。以免萌发叉枝、对生枝和重叠枝，影响树形美观。

(5) 摘心：即摘去树木生长期的新梢嫩头，抑制新梢过长，促进侧枝生长，使枝节变短，以保持树形姿态美。摘心时间因不同树种萌发期不同而有所区别。叶木类盆景当新叶展开 2～4 片时即可摘心。花果类盆景要根据不同花果期而灵活掌握。摘心可以激发侧枝生长，增加开花量。

(6) 摘叶：适当摘叶能使叶片缩小，提高盆景的观赏价值。有人把这种方法称为“脱衣换锦”。一般来说，树木在春季萌发的新叶最为诱人，随着季节的推移，夏日曝晒，原先叶泽光亮，色彩鲜明，慢慢变得老气横秋，通过摘叶处理，能再一次发出鲜嫩新叶，增加一次最佳的观赏效果。摘叶的时间因树种而异，叶木类可在初夏或初秋摘叶。常绿树则不宜摘叶。在摘叶期间，应适当扣水，盆土不宜太潮，此外，要经常勤施腐熟的饼肥水，加强通风与光照，以促使萌发新叶。

(7) 疏枝：是针对桩景长期生长从而主枝分枝增多、密度过大，造成不透风、光照条件差，所产生的叶子发黄和病虫害的现象，有碍观赏而采取的一项措施。这也属于科学剪枝范围。

(8) 截枝：定型后的桩景经过长期的生长，因枝条的粗度和长度已不能保持树姿的原有景观，便通过剪截、疏剪和其他剪枝措施加以控制。

85. 怎样盘曲盆景植物的根?

盘曲盆景植物的根的方法如下：

(1) 栽培养护法

①高培土方法：选用较深的容器，但容器口不宜过大（要将根系限制在一定范围内），例如签筒盆，将植株栽种得深一些，土要没过根颈，甚至可以没过一部分主干，日常管理大水大肥，根据植株生长状况，逐年去土，提高植株盆位，慢慢裸露根系，如果没有深容器，那么选用一个浅盆，用铁皮或者塑料在盆面上围一圈，用绳子或者铁丝扎紧，围合出一个空间，将植株种植在里面，然后根据植株生长情况逐年去土。

②盆土配比法：配置沙石比例比较高的盆景培养土，例如石子：山土（或腐叶土）＝2：3，也可以在盆中分层铺置沙石，一层沙石一层土，使得盆景植物的根扎在土中，在沙石的阻力下改变方向，模仿自然界生长在石堆里植物的生存环境，经过一段时间的培育即可形成变化丰富的根盘。如今在日本，使用赤玉土、桐生砂等粗火山岩颗粒土来培育盆景的根盘较流行，且培育周期较短，缺点是冬季易遭冻害，夏季要经常浇水。

以上两种方法如果配合使用，效果更佳。

(2) 造型法

①捆绑法：使用铝丝或者绳索将植株根系按一定的形状捆扎，再整个埋入土中。

②垫层法：在植株底部垫一块平整木板或者石板，使根系平铺生长，形成辐射状根盘。

③矫正法：在每条根系的两端用木板夹住固定，然后人为地使根系均匀分布。

86. 怎样显露盆景植物的根?

露根（或称提根）的方法较多，有去土法、换盆法、拆套法。

(1) 去土法：将树材种于深盆中，盆的底部盛放肥土，上部放河沙，栽培过程中树根逐步向肥土伸展。隔一段时日将上部的河沙去掉一部分，

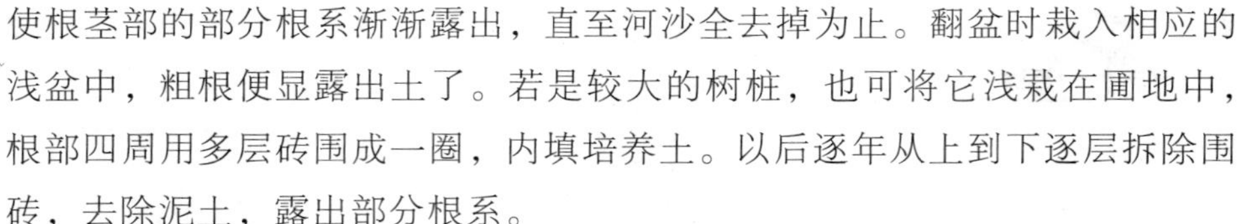

使根茎部的部分根系渐渐露出，直至河沙全去掉为止。翻盆时栽入相应的浅盆中，粗根便显露出土了。若是较大的树桩，也可将它浅栽在圃地中，根部四周用多层砖围成一圈，内填培养土。以后逐年从上到下逐层拆除围砖，去除泥土，露出部分根系。

(2) 换盆法：每换一次盆都将根系往上提一些，使土面超过盆面，随着浇水和雨水的冲刷，并经常用竹签剔除根系间的泥土，根系便逐步外露。换盆时还需将有些向后伸展的根也盘曲固定到正面，经多次换盆提根，盘根错节的姿态便日臻完美。有的在换盆时将树桩从盆内提出后先冲去部分泥土，然后在盆面上横架二三根细竹竿，把整株树放在盆面竹竿上，把底部根系理顺，使其均匀地舒展到盆内，再在盆内填满培养土，约 1 个多月后将细竹竿抽去，以后也经常剔泥和浇水，粗根也就裸露了。

(3) 拆套法：桩景培养过程中，对栽于浅盆中的树桩，在盆上用铁皮、塑料片或瓦片围一圈，使之成为一个活络的套，套内填土，这和深盆栽培相似。以后拆去活络套，根颈部的粗根也就显露出来了。注意拆套不宜过早，以免影响生长和成活。

从野外掘取的老桩，一般树干已无法弯曲，但可做些雕饰工作。经过雕饰，树木变得古朴，提高了观赏性。那些长得慢的树种，在盆中长势受到了抑制，截去大枝的伤口很难愈合。这些人工锯截的痕迹，通过细致的雕琢，便可显出自然枯朽的形态。为了使年轻的树木假冒树龄，常将干上的部分树皮剥去，对木质部进行雕饰，一般只在树干的下面进行雕琢。上下树皮必须相连，否则会影响生长，甚至死亡。

87. 怎样弯曲盆景植物的干?

较粗的直干需要弯曲的，弯曲前先要用麻皮包扎树干，并在树干弯曲处的外侧衬入一条麻筋，增强树干的韧度，以防树干弯曲时断裂。如树干较粗，弯曲有困难，可在树干要弯曲的这一段中间，用凿子纵向开 1 个槽，深达木质部的 2/3 以上。然后再用上法在树干上包扎麻皮，劈槽处应在弯曲部位的旁侧，否则树干弯曲后，伤口会裂开，难以愈合。树干弯曲后可用铁丝吊住。树干劈槽的，2 个月后会逐步愈合，不影响成活。

88. 什么是树木盆景的雕琢法?

有时为了创造树木的苍古形象，可用木刻刀、木工凿、电动雕刻机等，在树身上进行剥除树皮、凿除局部木质部、雕刻纹理等处理，使树木显示出历经沧桑的老态。

雕琢加工之前，要先做出设计方案，确定必须保留的部分以及打算雕琢的部位、面积、形状、纹理走向等。既要创造出古拙奇特的形态，又不能影响树木的生命力。当苍古奇妙的树身与繁茂的枝叶形成鲜明对比的时候，那枯荣相济的意趣无法不使人感叹生命的伟大与神奇。需要注意的是，雕琢造型贵在自然，切不可故意做作，否则会脱离实际，令人生厌。雕琢法多用于松柏类盆景或体量较大的杂木类盆景。

89. 盆景根部如何修剪?

一盆完美的盆景必须是三部兼顾，即上部枝杈清晰、主干苍劲有力、根部盘龙卧虎。虽然普通盆景也能够赏心悦目，但毕竟体现不出它的尽善尽美。其中最难修剪、养护的是根部。它既能够体现出优美姿态，又是提供整个主体的营养渠道。虽然难度极高，却受到所有盆景爱好者的喜欢。

一般的盆景不需要常修剪根系，根据盆景生长情况，2～3 年翻盆一次，翻盆时结合修根，根系太密太长的应予修剪，可根据以下情况来考虑。树木新根发育不良，根系未密布土块底面，则翻盆可仍用原盆，不需修剪根系。根系发达的树种，须根密布土块底面，则应换稍大的盆，疏剪密集的根系，去掉老根，保留少数新根进行翻盆。一些老桩盆景在翻盆时，可适当提根以增加其观赏价值，并修剪去老根和根端部分，培以疏松肥土，以促新根。

90. 在进行盆景造型时为什么要露根?

俗话说：“根基不露，如同插木。”因此，树木盆景造型中一般均会进行不同程度的露根，尤其是川派盆景更是无不提根。由于露根程度不同，故露根技艺也会有所不同。

91. 盆景露根的方法有哪些？

（1）松基露根法

在平时的养护管理过程中，经常用小刀、竹签等物撬松基部土壤，再结合浇水，冲去撬松的土壤，使根部自然露出。这种方法通常适用于制作直干式等树桩微露的盆景。

（2）堆土露根法

对于干基部容易萌发不定根的树种，可在春天树木刚开始萌动时，用刀刻伤干基，并用湿润的培养土将其掩饰起来，促其萌发不定根。等新萌发的根木质化后，再除去土壤，并对根部进行造型处理。

（3）换盆提根法

每次换盆的时候，让原树适当抬高于盆面，逐次向上提根，而使新根向下深扎，并将提出的根系进行修剪造型，表现出一定的艺术魅力。

（4）套盆提根法

在原植株的基础上，把原盆的底部凿穿，套在另一个盛满疏松肥沃的培养土的盆上，盆号比原盆大一些，引导树根向新盆生长。以后再根据树木长势，逐步扒去原盆土壤，用清水冲去泥土，对裸露的根系进行加工造型。

（5）抱石露根法

此法适用于制作附石式盆景。将有一定长度的植株根系，按照石材的纹理特征嵌入石缝里，并在石缝中填入泥浆，用金属丝将根与石砖块缚好，装入高盆中养护。以后逐步扒去石块上的泥土，解去金属丝，并用水冲去石上泥土，修剪根部，使其呈现苍石美态，再换入浅盆中养护即可。

（6）吊根露根法

此法适用于榕树等具气生根的树种。将树体定植并形成树冠后，用塑料布或玻璃罩罩住树体，保持湿度，促其萌发气生根，引导其入土形成新根，可制成独木成林的丛林式盆景。

（7）补根露根法

对于根系缺乏的树种，可用嫁接法或基部枝条埋土法，使其根部盘曲外露。

92. 什么是树木提根法？ 哪些盆景可以采用提根处理？

自然界的树木形象之美是多种多样的，露根也是一种特殊的美：提根法就是通过人工的方法，有意识地显露树根的美感。提根的做法适用于那些根系比较发达的树种，一般可结合翻盆换土，剔除一部分土表根部的土壤，使接近根颈部的树根露出土面，而在盆底铺上新土，再将树木植于盆中，让新根向下生长。以后再如法提根，使根系逐步高出土面。此法之所以可行，是因为树木具有吸收水分和营养功能的须根多分布于根系下部，而靠近根颈部的须根并不多，因此适当剔除接近土表的土壤对植物的生长并没有多大影响。但须注意，提根不可急于求成，每次不能提得过多。

适合提根的树种有黄杨、榆、榕、六月雪、福建茶、黄金雀、对节白蜡、小菊、枸杞等，这些树木盆景经提根处理后，悬根露爪，呈凌空欲飞之势，别有一番情趣。

93. 盆景植物提根处理有何技术要求？

自然界深山老林溪边涧畔的一些老树，由于泥土被水冲击而流失，树根常裸露于地面，盘曲如龙爪，非常奇特。为了使树桩盆景也能产生这种形态，提高观赏效果，可用提根法来达到此目的。

(1) 深盆高栽壅土提根法

先将树桩栽于深盆中，使其主根和侧根高出盆面，然后在根部周围壅土成馒头形，不使根外露。一年后，用小耙自上而下一层层掏去表土，每掏一层后间隔半年至一年再掏一层，使树根逐渐露出土面，不致因突然露出土壤而损伤根的柔嫩组织。经 2～3 年后，再结合翻盆，逐年将根向上提，使树根裸露即成。

(2) 圆筒沙培提根法

选深 40～50cm 的圆筒，在筒的下部填培养土 10～20cm，然后把易发侧根和不定根的树种桩胚栽入圆筒，再用河沙填满圆筒，并加强肥水管理，待桩根在筒中生长伸入培养土层后，分 3～5 次逐渐掏出上面的河沙。每次掏沙间隔半年或一年。待根长好后，即可把树桩从圆筒中脱出，栽于

浅盆，栽时予以适当整修造型，使根裸露于盆面。

(3) 深盆平栽冲水提根法

树桩深度栽植以根不露出盆面为好，栽后植株根系不断向深处伸长。养护一段时间后，在每次浇水时，提高水壶，使水冲于根部，逐渐将根部泥土冲掉而使根部露出。再结合翻盆提高根部的栽培位置，使根部裸露部分逐渐增多，使其造型逐步完美，以供观赏。

94. 怎样培养盆景树木的浅平根系和长直根系？

在盆景制作造型中，有时会对树木的根系提出一些特殊的要求，如在浅盆上造型的树木就不能入土太深，而只能采用生长很浅并向水平方向伸展的根系，称为“浅平根系”。相反，在某些附石式盆景中，则要求树木的根系要垂直向下生长，而且要求根系要长，只有这样才能在石缝中压根栽植。因此有时需要把树木培养成“浅平根系”或“长直根系”。

(1) 浅平根系培养法。首先应根据造型的要求选好一定口径的盆，并进行垫盆备用。然后选择须根性较强的树种，选择健壮、根系发达的苗木，必要时可剪去过长的主根顶部，促使其多发侧根、细根。这时在盆内装入配好的培养土，待装至半盆时，使土中心高四周低，堆成馒头形，并在顶部放一圆平小瓦片。这时，左手提苗并使其根基部置于瓦片中间，侧根向四周伸展理顺，而后用右手填土压住须根并揿实，上土直至留一指沿口为度，最后浇透水，放阴凉处管理。

(2) 长直根系培养法：首先将姿态苍老、生长健壮、根系发达，并符合造型设计要求的树木起苗备用，再选用长度及直径相当的纸筒或卷成筒形的油毛毡、径粗相当的塑料管等，插入盛满培养土的盆上，然后装入掺和沙土较多的培养土，并将备用的树木栽筒内。栽时应将根系分成2～3缕，使根系垂直向下伸直，最后填土压实。纸筒或其他筒均不留底，目的是让根系顺利向下生长，栽后浇透水。成活后管理中应适当控制水分，特别是筒内应偏干为宜，以利于根系迅速向下伸展生长。待根系长至下盆后，在不影响植株生长的情况下，尽量减少筒内浇水，直至筒内不浇水。至此，长直根系培养完成，即可提供造型之用。

95. 怎么给树桩盆景上盆?

批量生产树桩盆景时，为了减少管理强度，通常先在泥盆中养护。当桩景基本成型以后，再上正式的盆景盆。在上正式盆之前，要先根据材料和构思，选择盆景用盆。通常浅盆、中深盆用得较多，而高盆多用在悬崖式盆景中。色彩上宜选淡雅的颜色，容易与桩景本身相协调。另外，对盆的大小、质地和款式，也要精心挑选，务求使之与树桩协调一致。

上盆之前先用碎瓦片填在盆底的排水孔上。为了加强排水，深盆可在盆底填一层粗沙或炉灰渣。根据事先考虑好的盆景造型，确定好树木在盆中的位置，将事先配好的肥沃疏松的培养土填入盆中，一边放土，一边用竹签将土捣实，使土与根密接。当培养土低于盆口 1～2cm 时，停止填土，浇一次透水。再用细喷壶慢慢浇，浇透后放于半阴处养护。如果用浅盆栽桩，为了防止树木倒伏，可先在盆底横放一铁棒，用铁丝穿过盆孔将铁棒拴住，然后再用金属丝将树根与铁棒固定在一起，这样，就不会因土浅而使树木动摇或倾倒了。

96. 树桩盆景在什么情况下需要翻盆换土?

翻盆换土就是将树木连土从盆中取出，剔除旧土，换上新土，重新栽植入盆中。一般来说，以下几种情况需要翻盆换土。

(1) 盆景久未翻盆，土壤结构板结，养分消耗殆尽，树木长势由盛而衰；

(2) 盆内老根过多，影响新根萌发，盆土连同根颈部隆出盆口，影响浇水施肥，盆壁受压严重，甚至被挤破；

(3) 植物发生烂根或盆内出现蚁穴等情况；

(4) 植物逐渐长大，树与盆比例失调，需要换大一号的盆；

(5) 为了提高盆景的欣赏价值，需要更换更为美观的盆钵；

(6) 原先的盆较大，与树木不协调，需要换小一点的盆。

97. 怎样确定翻盆换土的间隔期和次数?

在正常情况下，翻盆宜在植物休眠期或生长缓慢期进行。休眠期翻盆对树木损伤小，对生长无妨碍，一般来说，早春的 2 月底至 3 月初是翻盆的有利时期。翻盆过早植物易受冻害，过迟则植物已萌发新根，嫩弱的新根极易受损。不过，不同的树种翻盆时期有所不同。例如，五针松在 3 月或 10 月均适合翻盆；紫薇、石榴发芽较迟，常于新芽即将萌发或刚刚萌发时翻盆；黄杨在初春及梅雨季节均可翻盆；春梅适宜在开花后发芽前翻盆；南方植物如九里香、福建茶、小叶榕、叶子花等，宜在晚春气温转暖时翻盆。

此外，在一些特殊情况下，可以随时翻盆，譬如因展览需要。可在尽量少动原盆土的情况下换上理想、漂亮的盆。发现盆中出现蚁害等情况，应立即翻盆换土。

翻盆的要诀是在剔除旧土时尽量不碰断根须，翻盆后注意细心养护。故盆景前辈有“翻盆无时，勿使树知”之说。

98. 翻盆换土的操作程序如何?

翻盆换土的操作程序及技术要求大致如下：

(1) 脱盆：预备翻盆的盆景，应注意盆土不宜过湿或过干。盆土过湿，不便将盆土与盆壁分离；过干则盆土收缩硬结，脱盆后剔土时易使根须断在土中。盆土干湿适度，盆土与盆壁有少许间隙，此时翻盆最好。

对于体量不大的浅型敞口盆，一般可直接将树木连土从盆中取出。不能直接取出的，可将盆景倒置，将盆边搁在工作台上，一手托住盆土，另一手以手指由排水孔向下揿压，将盆土整体从盆中退出。若用此法仍难以退出，可将倒置盆景的盆边在木质搁板上轻叩，一般即能退出。对于深筒盆或收口盆，则必须用竹签剔除盆内壁四周的部分土壤，才能方便取出，大盆景在脱盆时可将盆横置，先剔除部分盆土，然后将树木连土取出。特大盆景就需要借助吊装工具来脱盆了。

(2) 剔除旧土：树木连同盆土从盆中脱出后，需剔除部分旧土，换上新土。剔土时，用竹签将土壤捣松、抖落，采用放射状去土，尽量不要碰

断根须。对于根系不太发达的树木，更要爱惜每一枝根须。为保证根须不随土块的掉落而折断，有时需用手指将泥土捏碎，使泥土落下而根须仍然保存。对于根系发达的树种，如五针松、黄杨、六月雪、黄金雀等，多剔除一些旧土无妨，而根系不发达的树木，就不能去土过多。

(3) 整理根系：在剔土过程中，如发现烂根，一定要剪除，否则不利于萌发新根。同时，还要疏剪部分老化的根须以及影响栽植入盆的硬根。根系发达、侧根多的树种，老根可多剪除一些；根系不发达的树种应少剪或不剪。对于缠结一道的根系，可用手理顺，以便栽植入盆时根系能舒展生长。

(4) 修剪枝叶：植物体生命活动所需的水分、矿物质及其他营养，均靠根系吸收提供。在翻盆过程中，或多或少会损伤一些根系，因此吸收功能受到一定影响。此时就需对枝叶进行相应的修剪，才能维持消耗与吸收的相对平衡。同时，还要结合修剪，对树木造型进行加工改造，使树木形象更为美观。

(5) 栽植上盆：重新栽植盆景时，盆可以是原先的盆，也可以换大一号的盆，或者根据欣赏要求改换其他形状和色彩的盆，栽植技术要求与正常栽植相同，但须注意树木在盆中的位置、角度，保证良好的观赏效果。

通过翻盆，盆土得到了更新，根系、枝叶得到了整理，树木与盆钵配合更为协调，艺术欣赏效果得到进一步的提高，同时为盆景树木今后的生长、发展也注入了新的活力。

99. 换盆时要注意哪些事项?

树桩盆景栽植一定年限后，盆中的养分被吸收殆尽，而且老根密布盆底，吸收水分和养分均受影响。这时，就需要翻盆换土，修整根系。在换盆的时候要注意以下方面：

(1) 换盆时间

换盆时间依树种不同而不同。通常是在春秋两季树木生长缓慢时进行。一般耐寒的树种如榔榆可早一些换盆，而喜温暖的树种如福建茶、小叶榕和叶子花则要晚一些换盆，在接近初夏时进行。

(2) 换盆年限

换盆年限应视桩景大小、桩景种类及树木长势而定。一般大盆 3～5 年换一次，中盆 2～3 年换一次，小盆 1～2 年换一次。树桩生长速度快的可

1～2 年换一次，生长速度慢的可 3～5 年换一次。生长旺盛的桩景可延长换盆年限。生长速度下降，盆土干硬，透气排水性差的，可缩短换盆时间。

(3) 换除旧土

每次换盆，都要根据具体情况，除去 1/3～1/2 的旧土，换上新土。

(4) 根系处理

经过一两年栽培的盆树，往往老根布满盆底，影响水分和养分的吸收，因此要结合换盆，剪除老根和腐烂根，促其萌发新根。根部最好用医用的眼药膏或磺胺软膏进行消毒处理，以防细菌感染。

(5) 覆盖排水孔

盆底的排水孔应覆盖瓦片，以防浇水时泥土流失。同时盆底可铺一层煤渣或粗沙，以利排水。

(6) 对盆景盆进行清洗消毒

用过的盆景盆一定要洗净再用，否则易传染病菌。

(7) 盆土的湿度

盆土过湿或过干都不利于换盆。过湿，容易和泥，不利于修根和去旧土；过干，换盆时易损伤根系。最好视情况在换盆之前先浇一次透水，待盆土干湿适度时再换盆。

(8) 换盆后的管理

换盆后尽量不用移动树桩，先放置适当遮阴环境下适应性生长约一周后，转入正常养护管理。

100. 树桩盆景换盆后如何养护?

换盆以后，要先放在半阴和通风良好的地方，并用细喷壶浇一次透水，待萌发出新根后，才能把它慢慢移到阳光下养护。

树桩盆景换盆后，首先要去除部分叶片，减少蒸腾；其次要浇透水，第一次换盆后立即采用浸盆或细喷壶浇水，一般连续三天均要浇透水，再转入正常养护；再次，树桩盆景换盆后要将盆景放置在半阴和通风良好的地方，忌曝晒、忌放置在风口，不施肥；最后，树桩盆景换盆后可用多菌灵或百菌清溶液喷施，减少病虫害，并要防止小动物破坏。养护约 2～3 周，待萌发出新根或新叶后，根据植物的生态习性，再逐渐转入正常养护程序。

101. 如何解决桩坯过大的难题?

为了加快桩坯的生长速度，桩景的养坯阶段一般是在地里进行的。上盆时，往往会因土球过大上不了盆。有些人采用敲打土块或扒土的方法减小土球，结果伤害了根部，导致不是成活率降低，就是缓苗期过长，影响生长。为了减少对根的损坏，可以用水慢慢冲去附着于根上的土壤，直至土球大小比较合适为止。这时根部还附着一部分土壤，但已疏松，因此，必须用木板或铁板垫在底部辅助上盆。上盆之前，要对病根、老根进行修剪，然后理顺根系，均匀地铺展在事先垫好底土的桩景盆中，填入培养土，压实。然后浇一次透水，将其放于阴凉处进行正常养护。

102. 盆景培养土配置有何要求?

盆景用土少，尤其是水旱盆景用土更少，为此盆景用土要特别讲究。

(1) 酸碱度适宜

根据不同植物的习性，要调整适宜的 pH 值。如五针松的 pH 值以 5.0 为宜，不能低于 4.0，因为强酸性土壤的酸度大于植物根系细胞的酸度，根毛不仅不能吸水，反而使细胞液渗透到盆土里，结果就会导致植物失水，植株萎蔫，以致死亡。

(2) 营养丰富

要求营养能源源不断地供给植株。盆土中的养料有可供给态与不可供给态两种。风化作用、根系作用、微生物作用等渐渐地把不可供给态养料变为可供给态养料，以供植物吸收。因此，既要求生成供应不太多，也不可生成供应太少，要源源不断地供应才好。

(3) 团粒结构要好

要求有从芝麻粒到蚕豆的粗细不等的团粒结构。团粒结构良好，可使盆上的水、肥、氧、热等条件适宜，协调供应。

(4) 盆景用土的配制

松柏类桩景用土：常用沙、园土、泥炭土和腐叶土，按 1∶4∶4∶1 的比例混合。

杂木类桩景用土：常用沙、泥炭土、园土和腐叶土，按 1∶6∶6∶6

的比例，再加适量的草木灰混合而成。

山茶、杜鹃、栀子等喜酸性植物的桩景用土：常用泥炭、草木灰和园土，按2∶1∶2的比例混合，再以适量的硫酸亚铁或黑矾水调整pH值。

不同的地区条件不同，也可以用其他材料代替。土是植物旺盛生长的保证，因此一定要适土适树。

103. 盆景培养土配制的原则有哪些？

花木在盆土中由于受花盆容积的限制，根系的发育和吸收受到很大影响。因此，科学地配制盆景培养土必须遵循下列原则：

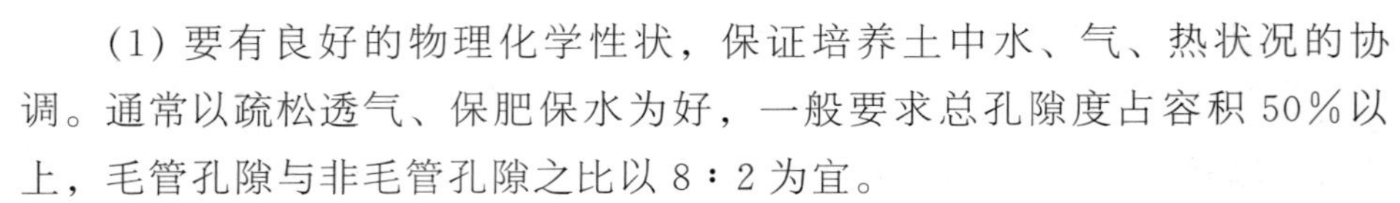

(1) 要有良好的物理化学性状，保证培养土中水、气、热状况的协调。通常以疏松透气、保肥保水为好，一般要求总孔隙度占容积50%以上，毛管孔隙与非毛管孔隙之比以8∶2为宜。

(2) 要有一定的酸碱度。大多数园林植物都适应在中性或微酸性土壤中生长，一般pH值在6.5～7.0为好（pH值7.0为中性）。对于过酸的土壤，可适量施用粉碎的石灰石；对于过碱的土壤，可适量施用硫黄粉。

(3) 要有适量必要的营养元素。为保证盆景植物的良好发育，盆土中各营养元素的浓度比例要适当，过肥、过瘠均不适宜。过瘠盆景植物难以生长，过肥则枝叶旺盛。一般来说，桩景培养土比过渡栽培的土要肥沃些，而比一般盆栽的土要瘠薄些。

(4) 注意长效肥和速效肥相结合。在对盆景花木施肥时，要注意不同肥料肥效的长短，如施用骨粉等长效肥，施肥量要适当减少，而施用尿素、过磷酸钙、硫酸铵等速效肥时，施肥量适当增加，以保证盆景花木壮而不旺，生长势平稳。

(5) 营养土配制后，必须进行消毒。尽可能使盆景培养土肥量达到无菌、无毒、无虫、无污染物侵入的条件。

104. 培养土配制原料有哪些？

(1) 腐殖质土：每年秋季，人工收集残枝败叶，与土充分混拌，堆置成堆，并压紧实。半年后进行翻堆，浇以人粪尿，次年充分腐熟后，便可

过筛使用。这种土腐殖质含量高，质地疏松，物理性状好，是花卉栽培中不可缺少的一种良好土壤。

(2) 园土：是种过 2～3 年植物的田间或菜园地的表层土。这种土比较肥沃，物理性状也很好，略经堆积和暴晒，即可作为盆景培养土的主要成分。

(3) 厩肥：是猪、牛、羊等动物的粪便，加上褥草发酵腐熟后的肥料。厩肥经过暴晒、过筛，可堆积贮备于室内，供长期使用。

(4) 砻糠灰 (草木灰)：由稻壳或稻草烧成的灰，钾肥含量丰富，作为盆景培养土的一种原材料，能使盆土疏松，排水良好，有利于盆中花木根系的良好发育。

(5) 河沙：是河道或池塘底部的泥沙，可结合清理河道、池塘，于冬季将其挖上岸，经过严寒冬季的风化，作为备用土。这种土可以单独作为扦插基质，也可作为配制材料，以改良盆土的结构，提高其排水性能。

(6) 山泥：是从低山有林地带采挖的、土质疏松的腐殖质土，呈微酸性，适用于山茶、杜鹃等喜酸性土壤的花卉。山泥根据来源的不同，可分为黑山泥、黄山泥和泥炭土等。

(7) 砖渣：多半是用破瓦片、碎砖块敲细后制成的。砖渣可作为花盆下部的垫层材料，对花盆排水非常有利。也可将砖渣破碎过筛，拌在盆土中，提高盆土的透水透气性。热带兰等还可以单独用砖渣栽培。

(8) 木屑：将木材加工厂的脚料——木屑堆置、发酵，并使之充分腐熟，是一种良好的盆景培养土的原材料。腐熟的木屑也可以用于无土栽培。

(9) 木炭：最好用栎树烧成的木炭，将其敲成 2～3cm 长的小块，可用作盆土表面的吸水材料，也可以用以栽培热带的附生类的花卉，还可作为配制材料。

(10) 煤渣土：是用煤炭燃烧后的废渣与垃圾，经腐熟处理后的一种土料。

(11) 石灰：可起土壤的消毒作用，也能调节盆土的酸碱度，用量虽少，但效果比较明显。

以上各种培养土各有其特点，在配制盆景培养土时，可合理选用，使配成的培养土达到“平时不开裂，潮湿不成团，淋水不结皮”的效果。

105. 盆景常用的培养土配制方法有哪些?

配制盆景培养土是一项十分重要的工作。具体配制时，必须根据盆景植物的种类、习性，采用不同的原料，按一定的比例进行配制。

(1) 疏松土：用 2 份园土、1 份砻糠灰混合配制而成，适用于露地盆栽花卉，如盆栽草花或盆栽月季花等，也可用于扦插育苗。

(2) 轻肥土：一般用 1 份园土、1 份腐殖质土、1 份厩肥土配制而成。这种培养土肥效高，较疏松，且透水性好，能使根系舒展，适用于栽培根系发育较弱的花卉，以及耐干燥的种类。

(3) 重肥土：一般用 2 份园土、0.5 份腐殖质土、0.5 份厩肥土进行配制。这种培养土成分较多，比较黏重，宜栽植一些耐水肥的花卉。

(4) 黏肥土：通常以 1 份园土、0.5 份腐殖质土、1.5 份厩肥土配制而成。其黏重程度高，腐殖质含量少，适宜栽植茉莉、珠兰、棕榈、蒲葵等常绿喜温花卉。

(5) 木屑土：一般用 1 份园土、1 份发酵木屑对半混合，适宜于各种盆花的栽植。木屑土可使花木根系发达，地上部分生长旺盛。

106. 盆景植物对培养土的要求有哪些?

盆景植物通常以木本为主，如雀梅、蜡梅、迎春、榉、红枫、石榴、南天竹、紫薇、六月雪、金叶女贞、瓜子黄杨、五针松、金钱松、柽柳、紫竹、菲白竹等，它们的共同特点是：枝叶细密、耐修剪、易蟠扎、抗性强、寿命长。但是，盆景植物对培养土的要求却各不相同，具有“三喜三耐”的特性，即：喜肥耐瘠性、喜干耐湿性、喜酸耐碱性。这些特性是盆景植物长期的遗传特性所决定的，在配制盆景培养土时，我们必须根据植物的这些特性，科学而严格地选择培养土，达到适土适树的要求。如梅花、火棘、南天竹、石榴等花果类树种，比较耐肥沃，我们应选用重肥型培养土进行栽培。而柽柳、紫藤、金叶女贞等耐瘠树种，应选用轻肥土栽种。再如枸杞、柽柳等树种较耐盐碱，可选用木屑土。而杜鹃、山茶、山橘等在碱性土中则生长不良，应选用轻肥土，在有条件的情况下，可再加些山土和林下落叶土。还有黄山松、迎春、蜡梅等树种耐干旱畏水湿，因

此，应选择疏松土为好，而小叶朴、水杨梅等树种较耐水湿，可选用黏肥土。

随着盆景栽培事业的不断发展，人工配制盆景培养土有着其他介质不可代替的优点。因为它能够达到养分充足、腐殖质含量高、物理性状好、保肥水能力强的要求。因此，深入研究盆景培养土的配制方法及其科学应用，是盆栽事业发展的需要，也是美化环境、陶冶情操、出口创汇的需要。

107. 怎样栽种盆景?

在地上培养成熟的树坯，必须移栽上盆，才可进行细致的造型加工。栽种不仅关系到树桩盆景的造型，而且对于植物的生长关系极大。栽种的时期一般为春秋二季。不同植物有不同的要求。

栽种时首先选好盆和土。用碎瓦片或铁丝网（塑料丝网）填塞盆底水孔。浅盆多用铁丝网，较深盆可用碎瓦片，两片叠合填一个孔，最深的签筒盆需用多块瓦片将盆下层垫空，以利排水。填孔工作很重要，如不注意，将水孔堵塞，使水排不出去，将会造成烂根。用浅盆栽种较大的树木时，需用金属丝将树木根与盆底扎牢。上述工作做好后，根据树木的形态、面向等确定栽种的位置。树木的位置应根据构图的要求确定，一般单株的树木不宜种在盆的中央，而宜稍偏盆前后左右的任何一方，多株树木的也不宜排在一条线上。

树木位置确定后，即可将事前筛好的三种粗细的土放入盆内：先置大粒土在盆底，再放中粒土填实根的间隙，最后放入小粒土（也可仍用中粒土）。一边放土，一边用竹签将土与根贴实，一般不要将土压得太紧。土放到接近盆口处，稍留一点水口，以利于浇水。

树木栽种完毕，就可浇水。第一次浇水，一定要浇足。水浇好后，可将其放置在无风半阴处，注意经常淋、喷水，约半月后，树木长出新根，可按正常管理。

108. 怎样为盆景配石?

盆景的配石和配件一样，都可起到烘托主题的作用。配石主要应考虑

石材的形状、大小、色泽、位置，配置时石材应入土1/3～1/2。

配石必须与桩景构图紧密结合，石材的疏与密、大与小、断与连都要与构图联系紧密，不可喧宾夺主。在树桩盆景中，若树矮，配石也应矮；若植株竖立，配石也应竖立；若植株斜立，配石也应斜立；竹林盆景宜用横向纹理的配石。桩景的配石放置应离树干远些，数量1～3块；同一盆内石料及石纹走向均要一致，石块的大小、放置间距应有变化，避免生硬呆板，对某些树干有缺陷的可借配石弥补其不足。

山水盆景的配石应与主峰呼应，其配石应与主峰风格统一；但形状、体量应变化相宜，配石的位置高低、大小和远近均应与主峰协调。不能用一块或一组尖而细的配石作为浑圆主体或客体的陪衬；也不宜在矮小的主客体下放一块或一组体量与其相等的配石。配石的植物点缀应采用疏点苔草的表现手法，以苔草为主，如虎耳草、星星草等，其上还可摆放配件。

109. 树桩盆景点缀有哪些方法?

树桩盆景中常用山石或配件与树木配合布置，这是我国盆景艺术的一种独特造景手法。如在松柏盆景中配置一些山石，会使盈尺之树显出参天之势。在悬崖式的盆景中，放置尖削的峰石于根际，就仿佛树木生长在悬崖绝壁之上。树桩盆景有山石点缀，就增添了诗情画意和自然趣味。松树配石的盆景和竹配石的盆景，都是运用衬托和对比的手法。配石可分自然式和庭园式，自然式配石即模仿山野树木与奇峰怪石的自然配合；庭园式配石即模仿庭园中人工布置树石的配景。

配件是指亭、台、楼、阁、动物和人物等小型陶瓷质或石质模型。树桩盆景常用的配件有人物、禽兽、房舍等。一些树桩盆景为了表现特定的空间环境，丰富生活情趣，在盆上进行人物、动物和建筑等配件的点缀，能以其小来烘托主体的高大，起到比例尺的作用。在树桩盆景中点缀配件时，要符合自然环境和景趣，注意远近、大小比例，以及色彩的调和。配件通常放置在盆景的土面上或配石上，供陈设观赏或展览的临时性装饰处理，在平时一般不放置配件，以免影响树木的浇水、施肥等管理工作。由于盆土疏松，浇水时配件容易歪斜，应在配件上放一块小山石起固定作用。盆景的点缀适配则配，绝不能勉强凑合，以免画蛇添足。树木盆景增加配件后，能对盆景起到“画龙点睛”、增强意境的作用。一般来说，配

件适合在横式盆景上摆设，还必须与主体树木的表达意向相一致，使其完全为主体服务。配件的点缀应力求简练，不要过多地重复或画蛇添足，也不宜喧宾夺主，破坏整体和谐。

110. 树桩盆景如何养苔藓?

移植苔藓后的养护管理十分重要，其关键是要保持苔藓正常生长所需的阴湿度，要经常向苔藓上和盆的四周喷雾洒水，禁忌夏天长时间在烈日下暴晒，也不能把苔藓直接铺在含盐碱较多的沙质土上。需要阳光充足的花木盆景，盆土表面由于长期曝晒，苔藓是不会长期保持鲜绿的。解决这个矛盾的办法是，除正常浇水外，每天洒水两次，以湿透土皮为度，可增加鲜绿时间。

111. 树桩盆景如何铺苔藓?

在盆景的盆土上铺养一层翠绿的苔藓，既可增加美感，提高观赏价值，又能起到保持盆土水分的作用。苔藓有很多种类。在一件作品中，最好以一种为主，再配以其他种类，既有统一，又有变化。盆内铺养苔藓，多采用移植法和栽植法。

(1) 移植法：到长期阴湿的墙根阴沟边，选择生长良好的苔藓，带薄土，成片状铲下备用。先将盆内杂草连根拔除，疏松表土，或铲去一层表土。根据需要把盆土做成平面或多起伏变化形式，浇透水，把苔藓铺在盆土上，轻轻压实，使苔藓与盆土密结，用细孔喷壶淋洒浇透，放阴湿处养护。一般 7～10 天即可成活。

(2) 栽植法：把苔藓揉碎，均匀地铺撒在盆土上面，轻轻压实，喷水浇透，置阴湿处养护。但此法见效较慢。

112. 树桩盆景如何点缀配件?

盆景基本完工之后，为了使盆景更富有真实感，适当地点缀一些小配件是必要的。点缀小配件的主要目的是构成诗情画意，以表达盆景的艺术意境。配件多用来点缀山水盆景，但植物盆景也可适当点缀一些能突出题

材的配件。

配件包括桥、塔、舟、舍、亭、榭、楼阁、人物及动物等。制作配件的原料也多种多样，主要有陶、瓷、石、金属等。点缀配件应注意以下几点：

(1) 数量

盆景点缀配件不可过多，否则显得杂乱无章。在一般情况下，微型盆景点缀 1～2 件配件即可，中、小型盆景点缀 2～4 件配件，大型盆景可适当增加点缀。

(2) 大小

配件点缀得当，除有画龙点睛之妙用外，还起到比例尺的作用。配件越小，越能衬托出景物的高大，否则反之。如山仅大如拳，而人大如豆，就能显示出山的高大。

(3) 色泽

配件、景物、盆钵三者色泽要协调，如三者色泽很近似并不美观。配件的颜色有别于景物和盆钵，能提高整个盆景的观感，但也不可五颜六色。

(4) 位置

配件在景物上的位置很重要。一般来讲，塔不宜置于主峰巅部，放在次峰或配峰上为好；亭应置于山腰；桥应放置在两山礁石之上。人物的位置最重要，高远景位置应低一些，使其仰视；深远景放置宜前，好似站在前山看后山，有瞭望之势；平远景中须站在高处，以成俯视。唐代诗人兼画家王维在《山水诀》中写道："回抱处，僧舍可安；水陆边，人家可置。"这些山水画理论对于点缀配件有很好的指导作用。

(5) 意境

配件的点缀要和景物所表现的意境一致，才能提高盆景的观赏价值，否则会事与愿违，有画蛇添足之嫌。配件的点缀要和盆景所表现地区的风土人情相一致，使艺术美和真实性有机地结合起来。如把竹排点缀到表现北国风光的山水盆景上，即失去了真实性。

113. 树桩盆景如何命名？

(1) 运用古诗词佳句命名，以境界取胜，增添盆景艺术的书卷气。国

学大师王国维说过：“有境界则自有高格。”因此，盆景命名也要把景物外型特征所表现的主题，升华为相应的艺术境界，并冠以体现这种境界的含蓄、深邃的名字。如赵庆泉大师的榔榆盆景，古木森森，翠峰如盖，树下碧草萋萋，池水清澈，驻足树下，令人六月忘暑，冠以《古木清池》的名字，彰显出大师在盆景制作上的高超技艺和命名上深厚的文化底蕴；扬州盆景博物馆馆藏之宝《活峰破云》，采用千年以上银杏树的树乳培育而成，树乳上几个充满活力的枝托如碧云朵朵，端立的树身宛若挺拔的秀峰，耸入云霄，力破行云，造型优美，意境独特，取名《活峰破云》着实恰当精妙；殷子敏大师的雀梅盆景，主干呈“之”字形盘曲有度，回转有力，宛如苍龙下凡，回望天宫，取名《苍龙回首》。

(2) 运用音乐、戏曲、电影等艺术形式，表现中国传统民俗文化吉庆祥和的主题，彰显作品的庙堂气。多种艺术形式给盆景命名提供了广阔的思维空间。例如：贺淦荪大师开动势盆景之先河的作品《风在吼》，就是引用《黄河大合唱》中的句子，非常贴切；陈德伟的杜鹃盆景《青春之歌》，魏文富的三角枫盆景《渔舟唱晚》，龙川盆景园的杜松盆景《百鸟朝凤》《涛声依旧》，彭水章的水蜡盆景《在水一方》，蒋永魁的山石盆景《北国之春》，叶锦豪的水松盆景《迎来春色换人间》等，都从音乐、戏曲等文化中汲取营养。

(3) 抓住盆景作品着意渲染的传神之笔，突出地方特色和盆景本身的“奇”，表现祖国山河的秀丽风光，彰显盆景的山野气息。张进山的花梨石英岩盆景《琼崖春讯》，林桂侃的榕树盆景《闽都遗韵》，江永武的小叶蚊母盆景《绿浓荆楚》，高胜山的侧柏盆景《岱宗神秀》，刘建立的侧柏盆景《伏牛神韵》，林风书的山石盆景《巴山夜雨》等命名，反映了浓郁的地方色彩。

(4) 运用毛泽东诗词表现盆景作品的“霸气”。毛泽东诗词恰如其人，霸气十足，盆景行的不少人对毛泽东的诗词情有独钟，运用起来也是得心应手。如徐晓白的榆树盆景《北国风光》，余东升的水蜡盆景《舒广袖》，胡承德的榆树盆景《踏遍青山人未老》和《问苍茫大地》，郑绪茫的六月雪水旱盆景《风景这边独好》，扬州盆景园的圆柏盆景《横空出世》，孙祥的木化石盆景《一山飞峙大江边》，林鸿新的刺柏盆景《乱云飞渡》，张志刚的风动式对节白蜡盆景《大地微微暖气吹》，谢克英的罗汉松盆景《一代天骄》，龙川盆景园的老鸦柿盆景《独立寒秋》等都是运用毛泽东诗词

命名较好的作品。

(5) 运用或化用成语典故是比较常用的命名方法。如《风华正茂》《壮志凌云》《鹏程万里》《掌上明珠》《老骥伏枥》《春华秋实》等，还有运用典故、历史人物命名的如《盘古开天》《子胥鏖兵》《鹅池留踪》《昭君出塞》《米芾拜石》等，意境深远，格调清新而高雅，情景交融，寓意深远，耐人寻味。此类命名相对简单，关键就在恰如其分。在盆景命名中，还可以把古诗词典故经过加工修改，做到运化无痕，浑然天成。如姚明建的苹果盆景《红肥绿瘦》，就是化用了李清照的“应是绿肥红瘦”的诗句，曹金山的侧柏《曾经沧海仍从容》就是化用了元稹的“曾经沧海难为水”和毛泽东的“乱云飞渡仍从容”的诗句；钱长生的雀梅《暮年仍怀千里志》就是化用了曹操的“烈士暮年，壮心不已”的诗句，都是比较成功的命名。

(6) 把握时代脉搏，反映时代主题的命名，也较新颖别致，令人耳目一新。可根据预定的主题营造出反映时代气息的画面。如张从贵的榆树盆景《盼回归》，俞捷的双干刺柏盆景《同根同种两岸情》，上海翔茂盆景园的雀梅盆景《两岸携手》等，都反映了炎黄子孙热切盼望民族团结，祖国统一的爱国主义情怀；叶美世的博兰盆景命名为《走进新时代》，王恒亮的五针松盆景《西部春歌》，也吹拂着清新的时代春风；彭辅凯的对节白蜡盆景《九天揽月》，环绕盆钵的回旋飘枝，激情奔放，主题新颖鲜明，恰似“嫦娥一号”九天揽月的壮观景象，宛若一曲航天精神的赞歌。

总之，盆景命名是一个看似简单，实则要求很高的工作，要求作者具备文学、美学、哲学等很多相关学科的丰富知识，还要有丰富的想象力。“腹有诗书气自华”，因此，只有博览群书，积累知识，不断提高自身的艺术素养和综合素质，才能产生高品位的命名。

114. 山水盆景制作的原理是什么?

山水盆景是运用移山缩水的艺术手法，同时运用透视、构图、造型等艺术原理，在小小的浅水盆中创作出“咫尺之内而瞻万里之遥，方寸之中乃辨千寻之峻”的自然景观。

初学者应以“大自然为师”，以祖国各地的名山大川为蓝本，借鉴山水画图，还可观摩别人的作品，待初步掌握了制作手法后，再自己创新。

115. 适合应用于盆景制作的画论主要有哪些观点?

对于制作山水盆景，中国画论具有指导和借鉴价值，但不可生搬硬套，因它们之间有相同与不同之处。山水盆景贵于创意、创新。下面仅列一些画论作引玉之述：

(1) 先立意

山水盆景同中国画论一样重章法，讲究立意为先，五代时期的荆浩说："意在笔先，远取其势，近取其质。"创作前须胸有成竹，先打腹稿。不是简单地把景物描摹出来就行了，更不是照搬自然，而是经过作者仔细观察、融会贯通，经过提炼、集中，重新创作出来。立意过程中不仅有其"形似"，特别要求其"神似"，"形神兼备"方为上品。画理有"神用象通，情变所孕，物以貌求，心以理应，以物引情，神与物游"的说法，当形神两者融为一体时，这件作品才具有真山真水之神态，观者才会产生联想，达到"一峰则太华千寻，一勺则江湖万里"的意境。

(2) 取与舍

宋代郭熙说："千里之山不能尽奇，百里之水岂能尽秀。"观察自然时，不可能"照单全收"，要懂得"取舍"，根据实际情况对对象进行选择、剪裁，以至提炼，以取得以少胜多、小中见大的效果。没有取舍的作品一定会杂乱无章、主次不分，自然就不具备感染动人的魅力。

(3) 主与次

在山水画布局中，强调"先立宾主之位，次定远近之形，然后穿凿景物摆布高低"。作品有主有次是艺术创作的一般规律。主体不论大小、偏正，关键在于次体的安排、陪衬、烘托。突出主体最普通的方法是把主体摆到最高位置，形体也比别的高大，即"主山最宜高耸，客山须奔趋"，主体不仅是形式上的主要部分，而且在内容上也是重点。主次互相照应，不能各自孤立，要形成统一的整体。

(4) 实与虚

"虚实相生，无画处皆成妙境。"一件作品，每从实处着力，千万不要忽略了虚处。因为实处之妙，皆因虚处而生。虚处不能理解为虚无。虚实之间有景、有情、有意、有显露、有含蓄。显露时景实情虚，含蓄时景虚情实；虚中见实，实中有虚；虚有据，实有理；虚而不空，实而不塞，谓

之“虚实相生相变”。画理有“画留三分空，生气随之发”之说，一件作品，不能给观者以想象的余地就不可能产生艺术感染力。虚实互相烘托，虚实相辅相成，方能达到“无景而有景，咫尺而千里”的艺术效果。

(5) 疏与密

自然界的物体千变万化，疏密十分自然。体现在画面上，要忌平、忌齐、忌均、忌该平而不平，均而不均、齐而不齐才好，即我国画家讲的“疏可走马，密不通风”的对比效果。山水盆景也是同理，疏密都是相对的，又是互相映衬的，“疏中有密，密中有疏，两相得宜”。疏不当，作品会松弛无力，或拖泥带水；密不当，易于呆板，无生气。一般习惯在“重点”上密集，在“次点”上疏散、开阔。密集要注意凝聚，以重点为中心向中心集结，疏要注意秩序，有组织地“退却”，否则会导致“密而乱，疏而散”。

(6) 远与近

画论上有“山远则取势，近山则取其质”，“远山无皱，远树无枝，远人无目，远舟无身”之说。一般主大宾小，近大远小，近清楚，远模糊，以此使物体空间有距离感。画论有云“山外有山，虽断不断，树外有树，似连而非连”“远山不得连近山，远水不得连近水”。国画是以层次的重叠加深深远，山水盆景多用线条来表现深远。近景高耸，多为竖线。远景多为横线。另外盆景讲究含蓄，“之”字形构图多，“之”字形多变而不乱，有层层渐进的效果，转折处可藏可露，通过曲折的空间变化，可达到“柳暗花明又一村”的境界。

(7) 动与静

人们不满足于那些静态的、四平八稳的作品，要求有动有静，有分有合，给人一种充满生气的感觉。所以说艺术形式最能打动人心的是一种力感、运动感。一件作品静与动是相对的，如果一味追求动势，容易使作品重心不稳，静是指与动态相对的静。布局要合乎自然规律，树虽斜，还有根系使它不倒。山石虽然险立，然而“山高峻无使倾危”，实际上还是平衡的。构图上对称则静，均衡则动，各种现象都是相互依衬，如水动山静，树动石静，鸟动花静，人动物静。总之，构图要做到形动意生，形静意动，里应外合，方得其神。

(8) 呼与应

呼应使作品富于变化，起伏有致。自然界里山石、树木等都是互相穿

插、互相呼应、互相配合、互相牵制的。这种关联从表及里，特别是要表现出事物的内涵本质，在一花一草、一树一石、一主一次、一直一斜、一明一暗等关系组合中，都存在呼应的内在联系，都要“顾盼有情”，最后达到合理的统一。

116. 山水盆景制作的主要步骤有哪些?

山水盆景是以观赏岩石为主的一类盆景。根据其材料表现的景观主题有很多类型，但是这些类型的地域性区别不强，所以流派差别不明显。山水盆景制作的主要步骤如下：

(1) 石料的选择

制作山水盆景的基本材料主要是山石。松质的吸水性好，容易加工雕琢造型；硬质的则质地坚硬而不吸水，不易加工。不管松质或硬质山石，制作山水盆景的石料首先必须具有天然纹理、色彩以及形态自然等特点。选择的山石要能符合创作意图，如创作秀美的作品，多选用软石，可在其上种植树木，配植苔藓，形成苍翠的秀美景观；如创作险峻的作品，以硬石为好，少量设置种植穴，点缀树木，营造高处不胜寒的效果；如创作北方大漠风光的作品，多选用纹理粗犷的或横纹理的石材，展示大美的风蚀效果；如创作细腻的作品，常选用纹理细致或有不少孔洞的石材，点缀花草，形成柔美的景观等。

(2) 石料的加工

加工要求做到自然而无人工的痕迹，雕琢不能过于呆板，而要生动流畅，要简洁有韵而不能繁杂失度。具体加工的方法有锯截、雕琢、胶接和衬石四种。

(3) 石山的布局

山水盆景是运用移天缩地、以小见大的艺术手法，根据“一峰则太华千寻，一勺则江湖万里”的原则来造型和布局的。山水盆景以山为主，成功的石山必须既具形态美和雄伟的山势，又有瘦、皱、漏、透之妙。为了充分利用石的自然形态进行布局、组拼安排，有下面三种方法可供参考。

①独石。独石俗称孤峰，在盆内的左侧或右侧安置一块较大的石峰，另一侧放置一两块小石作岛屿，这样大山、小岛大小悬殊，各在其位，形

成一峰异起于辽阔水面上的景致，此景蕴含深远，主题集中。

②子母石。在盆内放置两块一大一小的石峰，左右对峙，母石（主峰）突出，略偏于盆的任意一方，但不能立于盆的中央，这样母石在主位，子石作陪衬，子、母石高矮不一，大小各异，宾主分明。两石隔水相望，遥相呼应，既对立又统一，既简练又符合天然山水的真实性。

③群石。这种石山状如“众如拱伏，主山始尊”。盆内群石中的主山必须摆设在重要的位置上，其体积、高度要占绝对的优势，在拼接山石时，主景要突出，宾主有别。盆中诸景既要富于变化，又不宜过于人工斧凿，要符合自然山水的气势。

(4) 配种植物与配置小景

山水盆景的石山制作完毕以后，还要着手种植一些草木，嵌上一些苔藓和配置一些人物、小鸟、亭台、房屋、小桥、小船等，用以点缀，使石山变幻无穷，生动活泼，富于诗情画意。配种植物与配置小景，不但要符合山石和草木的比例，还要注意色彩的和谐，不能任意安放，而要有选择、有计划地分布。在山石的缝隙、阴暗面和山脚的地方栽植一些常绿的小草木、青苔，以及配置必要的人物、舟楫、桥梁、亭榭等，以丰富山水盆景的内容，增添生活气息，使内容和形式达到调和统一。

总而言之，山水盆景以山石为构体，是祖国大好河山丘壑林泉、山山水水的艺术再现，是大自然锦绣风光的缩影，具有高雅优美的意境。山水盆景容量大，结构更复杂，内容更丰富，跟山水画联系更密切，比树桩盆景更具有诗情画意。

117. 中国传统山水画的皴法对山水盆景制作有何影响?

中国山水画中的部分传统皴法可以作为雕琢皴纹时的参考。皴法一般分为锤头皴、披麻皴、乱麻皴、芝麻皴、大斧劈皴、小斧劈皴、卷云皴（云头皴）、雨点皴（雨雪皴）、弹涡皴、荷叶皴、矾头皴、骷髅皴、鬼皮皴、解索皴、乱柴皴、牛毛皴、马牙皴、点错皴、豆瓣皴、刺梨皴（豆瓣皴之变）、破网皴、折带皴、泥里拔钉皴、拖泥带水皴、金碧皴、没骨皴、直擦皴、横擦皴等。在山水盆景中常用的皴法有披麻皴、折带皴、卷云皴、斧劈皴等。

118. 山水盆景创作是如何构思的?

构思时，首先要根据手头石料的质地和成色来确定表现的主题，充分发挥石块的原有特色，然后定出轮廓。制作时应由粗到细，由浅入深地逐步修改。配石时应掌握主景突出，客景烘托的原则。如欲在一盆当中安放2～3座山石，其中一山要居显要位置，在高度和体量上都应占绝对优势，我们把这座山叫作“主山”，另外1～2座在高度和体量上大大小于主山的山石叫作“客山”或“宾山”。山石上的景物和细部要富于变化。山头要大小相间，有高有低、有起有伏，山坡要有陡有缓，山脚要迂回曲折。不能搞得平头齐脚、上下一致、左右对称。在山石的前面应当留出宽阔的水面，有山有水才静中有动，山水一刚一柔，使景物既显得深远，又显得广阔。

构图时，一盆中不论安放几块山石，石料的质地要一致，同时石料的纹路彼此要统一。主山和客山不能安放在一条线上，石体的正面也不要正对前方，而应向盆的内侧稍稍偏斜。

立意构思除了考虑构图的因素外，还应掌握好比例和协调的关系，在具体制作时应注意到山有三远，即自山下望山顶为高远；自近山望远山为平远；自前山望后山为深远。据上述透视原理，制作近山时轮廓和纹理要清晰明快，制作远山时轮廓和纹理要粗放豪迈，色彩也要渐淡模糊，这样才能显得层次分明。

119. 山水盆景是如何相石的?

山水盆景的相石主要有选石、审石、画石和躲石等几个环节。

(1) 选石就是选取石头，选取适于发挥自己艺术特长的石头或选取适于需求和便于加工的石头，被选取的原石，应该具备一定的形状、色泽、纹路，并少有裂纹和砂隔，以利于雕刻和加工。用作山水盆景的石料常选用泉华石钟乳石、叠层石、墨石等。

(2) 审石是相石过程关键的一环。审石多从外形看起，石头的形状一般为椭圆形、长形、扁平形、圆形、锥形等。椭圆形、长形石材可直竖亦可横放，各种技法均可施行，一般雕刻者喜欢选用。对石形的选择运用无固定模式，它与创作者的艺术素质及技艺有关。

（3）画石和躲石是在相石过程中的艺术构思辅助方法。画石就是用毛笔或其他彩笔在所选用石头上勾勒景物位置，或是在其他纸上勾勒景物，帮助雕刻者揣摩并确定雕刻方案；躲石是圆雕作品相石的一种特殊手法。在长期的艺术实践中，艺人们为了突破原石的形状和色泽的限制，不拘泥于形象的结构比例是否准确，借用民间传统雕塑夸张变形的艺术手法，来设计构思人物、动物的形态，增加作品的趣味性，同时又“顺理成章”地躲过石料材质上的砂隔、裂格、水痕及色彩不适等不足，收到出人意料的艺术效果。

120. 山水盆景如何选择石材？

山水盆景选石时有两种情况。一种是“因意选材”，也就是按题选石，即根据创作主题意图选择石料的种类、形状和色泽等。因意选材可以掌握创作的主动，有利于表现特定的主题和意境，但有时不一定能选到完全适合的材料，这就要进行适当的艺术加工，做到雕琢不露人工痕迹，宛如天成。另一种是“因材立意”，也就是按石创作，即根据石料的种类、形状和色泽等因素来决定创作意境。因材立意可以对山石材料因材致用，充分发挥天然的特性，但不足的是表现的意境内容常常受到一定的限制。

121. 软石类山水盆景制作主要包括哪些内容？

（1）山石的选材与加工：山石材料是山水盆景创作的主要素材，山石种类繁多。选材时，应根据石材的自然特征确定其适合做哪种自然景观的造型。石料加工则包括山体轮廓的敲削、截锯与黏合、理纹与错落。

（2）山水盆景的造型与风格确立：创作立意是盆景创作的重要一环。盆景的创作立意实际上是一个确定意境，并构思、表达这个意境的过程，一般来说有两种表达方式。

①先立意，然后根据这一立意，经过构思选用适当的树、石、山、草等素材，在盆盎空间中进行排列组合来完成这一立意。

②先根据具体的山、草、树、石的形状特点，生发某种立意，然后构思并运用这些山、石、草、树的形状特点，进行排列组合来完成某一景观和意境的构成。由于盆景景观构成受到具形素材的限制，因此这种立意构

思方法是山石及各组合类盆景造型中普遍使用的一种构思结合制作的方式。

(3) 山水盆景选盆：山水盆景因其景观留有大量水面，点缀有低矮的散点石和船筏亭台，因此一般选用盆沿极浅的大理石水盆，水盆形状视石材的形状及色彩、造型等而定，可选用椭圆形、圆形、长方形等，色彩一般都选用白色。紫砂水盆及土陶水盆也可用于山石盆景造型，但因其色彩、深度的局限性通常只用于较为特殊的石材或造型。无论选择何种盆盎，均应以造型景观效果是否被衬托突出为主要目的。

(4) 植物的栽种与配件的点缀：山水盆景的山石组合造型完成之后，应当进行植物的配植和配件点缀。画论上说："山之体，石为骨，树为衣，楼台亭桥为其点缀。"石是无生命的造型固体，而树才是体现其景观生命的象征。行话说："石好立，植物配植难。"可见植物在山石盆景中的重要性。内行的人都有这样一种感觉，山石成型后，盆景景观实际只完成了一半，要待植物配植后才能算完成，往往植物配植所花费的精力、时间，超过组合石材所用精力、时间。

122. 制作山水盆景主要有哪些专用工具?

(1) 工作台

制作山水盆景所必备的。工作台面用水泥预制或用木料制成，要求平稳并能旋转，以便从各个角度观察，加工台面平整、坚实，其高度为100～110cm，宽度为80～100cm，并应配置相应的工作凳，高度约为65cm左右。工作台应置于侧面散射光之下，不能逆光。

(2) 切石机

切割硬质石料，软石可用钳工手锯。

(3) 手镐

俗称小山子，一头尖，另一头呈刀斧口，可用45号钢、弹簧钢、定子钢等材料制成，用于雕琢山水纹理或挖洞开穴，没有小山子可用大螺丝刀代替。

(4) 锉

石料过于生硬的棱角或块面，可用锉磨平。

(5) 钢丝刷

雕琢后用钢丝刷适度擦刷，使之自然。

(6) 锤子、凿子

用来敲击石料。

(7) 毛笔

用来洗刷石隙缝间水泥残渣。

(8) 油漆刀、小刮刀

粘接山石时使用。

123. 采用软石制作山水盆景时是如何雕琢的?

雕琢是松软石材的主要加工技术之一，要求加工后的形态力求自然，虽由人做，却如天生。雕琢常用的工具有小山子、錾子、锯条、雕刀、钢丝钳等。

雕琢的步骤一般是先轮廓后皴纹、先大处后小处、先粗凿后细凿。轮廓雕琢是决定山形的主要步骤。雕琢时宜先雕主峰，主峰形状确定后再雕其他次要山峰；在山体外形确定后，应进行山形内部纹理的雕琢，以使山体形象丰满、生动，在雕琢时一定要注意皴纹的选用应当与所表现的地貌特点相一致。软石类山水盆景常用的皴法有披麻皴和卷云皴。

雕琢加工后，应消除人工痕迹，可用砂轮或钢锉打磨，软石类可用钢丝刷顺皴纹方向刷动，以消除生硬的线棱及凿击时留下的白点等，使旧石面与雕琢后的新石面颜色一致。

124. 采用软石制作山水盆景时是如何锯截的?

锯截软石类山水盆景可使用园艺手锯，锯前要仔细推敲下锯位置，尽量做到一次锯截成功，以免浪费石材。锯时可先在下锯处画线，如石面凹凸不平不便画线，可将山石下部浸入水中，使水面刚刚浸到下锯处，以水面浸渍线作为下锯线。

锯截同一件盆景内的几块山石时，应注意使每块山石的锯截面与山石纹理之间的角度相同，如主峰截面与其纹理成直角，则客峰、配峰等也都应为直角，这样才能做到统一。

在锯截时，应用厚布、棉纱等包住易断部位再固定锯截，要不断加冷水，速度也不宜太快，以免锯薄片山石会因锯口处发热而胀裂。

125. 采用软石制作山水盆景时是如何拼接的？

软石山水盆景的拼接分为组合和胶合两个过程。

组合是将加工好的山石按构图设计组成完整山水景象体系的过程，是对构图设计的实际立体再现。组合过程中应根据实际效果对已有的构图设计进行修改与完善，通过对山石摆放位置的不断调整，最终达到符合意境表达的景观效果；组合完成后，盆内的山水景象就基本确定了。这时要记下各景物之间的相对位置，或绘出平面草图，以便胶合时照图施工。当确信不会错乱时，即可把全部山石刷洗干净，以保证胶接牢固。洗净后待稍干不流水时即可进行胶合。

胶合方法主要有水泥胶合和环氧树脂胶合。水泥胶合常用 300～500 号水泥，加入少量细沙，水泥与细沙的比例为 2∶1 左右。水泥中加入 108 胶可增加其黏合强度。环氧树脂价格较贵，多用于微型山水盆景的胶合制作。

胶合内容主要有石间胶合与石底胶合。

(1) 石间胶合：小石拼大石的胶合时，可先在两块山石胶接面涂上适量水泥，并贴合在一起轻轻磨动，压缩水泥为一薄层，再用铁丝捆扎固定。捆扎后可用小刀刀尖挑上水泥沟抹缝口，并刮除多余水泥，用毛笔蘸清水洗去缝口以外的水泥痕迹，最后在缝口表面撒上一层与接石相同石质的石粉并轻轻压实。

山石断裂胶合时，如果硬石断裂或软石左右断裂，可直接将断裂部位胶合。如果软石上下断裂则不能直接胶合，否则水泥层会阻断上部山石吸水，造成山石下深上浅的颜色变化。这时可在两断面中央相对位置凿洞，洞中放泥土按实，再将洞周围断面上抹上水泥胶合，这样，靠中间泥土连接上下水道，可保持山石上下颜色一致。

(2) 石底胶合：对于石底不平、不能自立于盆中的山石必须进行石底胶合，以便使其在盆中稳固竖立。石底胶合又分为垫纸胶合与不垫纸胶合两种方法。

①先在盆底垫一张湿纸，再在山石底部涂上黏稠水泥，水泥要稍厚，然后把山石立于预定位置上，稍用力下压，从石底挤出多余水泥并清掉。如石底边缺口较大，可添加碎石块。胶合后，用小刀轻刮石底边缘的水泥

缝表面，使其与底边形状吻合。最后撒上石粉，按实。垫纸的目的是防止山石底部与盆粘在一起，以便于拆卸装运，也便于做组合式盆景。

②在山峰重心高，悬险倾斜、动势强的盆景中，石底必须粘在盆面上山石才能立于盆面，因此，胶合时不应垫纸，而将山石直接粘在盆面上，其技术要求除石底不垫纸外，其余与垫纸胶合相同，但应注意因山石不能自立，应给予支撑，待粘牢后再撤去支撑物。还应注意不能让水泥污染盆面，要及时擦净。

126. 采用软石制作山水盆景时是如何栽种植物的？

植物一般栽植于山石缝隙或预留的种植穴内。石缝种植要选里宽外窄的缝隙，填土要适宜，不能隆出缝口外，可选需土少的植物种植。预留种植穴是在加工山石时预留的洞穴，其中封闭式种植穴呈口小腹大的罐状，适用于易于雕琢的软石类。封闭种植穴可设在山的正面。种植穴可雕琢而成，也可用小石拼接而成。种植穴下部要留出排水孔，以利于排除穴内过多水分。

种植穴栽植方法：根据穴的大小，将植物去除部分根部泥土及部分根系后放入穴内，并使根系舒展，摆正植物姿态，填入营养土，土面用苔藓覆盖后浇水透底。在封闭式种植穴内种植植物时，先把根系拢成一束，再将细铁丝的一端固定在茎干上，用细铁丝从上到下将根系缠紧，然后将细铁丝另一端穿入穴内，并从排水孔穿出，这样把根系拉入穴内。最后，松开固定在茎干上的铁丝上端，把铁丝从下部抽出，即可使根系在穴内舒展开。封闭式种植穴在填土时可用纸围成漏斗状，将土灌入并用竹签插实。

棕包栽植方法：先把棕片摊平，抽出其上的硬梗，再把植物根部放上，根四周加营养土，然后将根与土包扎成球状即成。棕包一般靠贴在山峰背面的种植穴内，用细铁丝紧紧地扎在种植穴周边预先胶合的铁丝环上，再对棕包浇水。

栽植时间：一般全年均可栽植，但以树木落叶后至发芽前或梅雨季节（南方）最好。夏季栽后要避免阳光直射，冬季注意避风保暖。

127. 采用软石制作山水盆景时是如何点缀苔藓的?

滋养苔藓可使山石青润可爱，生命气息浓厚。滋养苔藓的重点部位一般在山脚、山谷和山的阴面，石形好、皴纹好的部位不宜滋养苔藓。滋养苔藓的方法主要有嵌苔法、接种法及自生法等。

①嵌苔法

在苔藓滋养处（潮湿略见阳光的墙角、地面等处），用利铲将苔藓薄薄铲下一层，贴在山石上。欲贴苔藓处应先刷一层薄泥浆。贴好放于背阴处，每天喷水1～2次，数日后便可成活。

②接种法

将取来的苔藓除去杂质后放入容器中，加入适量稀泥浆，将苔藓轻轻捣碎成糊状，并用毛笔涂抹于山石上，然后将山石置于荫蔽处，保持湿润，不久涂抹处即可长出青苔。

③自生法

雨季将山石放于树下或较阴湿的地方，让雨水自然淋湿山石，经一段时间便能自然生苔。

128. 采用硬石制作山水盆景时是如何雕琢的?

硬石类山水盆景的雕琢与软石类的相似，主要步骤是先轮廓后皴纹、先大处后小处、先粗凿后细凿。轮廓雕琢先确定主峰形状，后确定其他次要山峰。在皴纹的雕琢中，硬石类山水盆景常用的皴法为折带皴和斧劈皴，如果石材原有的自然石面有较好的皴纹，就不需再雕琢，对于硬石类，自然石面尤为可贵。如斧劈石、千层石断端具有天然的折带皴形态，而英德石的石面纹理则具有斧劈皴的特征。

雕琢加工后，也应消除人工痕迹，一般可用砂轮或钢锉打磨，消除过于生硬的线棱及凿击时留下的白点等。

129. 采用硬石制作山水盆景时是如何锯截的?

锯截硬脆石材用钳工钢锯或使用机动金刚砂锯片，锯截尽量做到一次

成功，盆景内的山石尽量做到统一。

斧劈石等硬石有时在锯截后再雕琢易断碎，可先将石材一端或两端雕琢成形，再在适当部位锯截。龟纹石、英德石等硬石还可用煅烧法分割大石，其方法是将山石放在炉火中烧至一定高温后，取出立即浸入冷水中淬火，然后轻轻敲击或轻摔，即裂成几块。煅烧的火候是关键，煅烧过度分割太碎，煅烧不足则分不开，应在实践中摸索每种石材的适宜火候。斧劈石等层理较强的石材，可用凿子将其分成更薄的片层。

130. 山水盆景制作时是如何摆放配件的?

点缀配件可以增加盆景的生活气息，使盆景景象活起来。配件点缀应注意以下几点：

（1）因景制宜。点缀何种配件应由景象环境决定。如山峡险要处，只一路可行，可配关口或城楼，有“一夫当关，万夫莫开”之势。瞭望亭台宜设在环境开阔处。钓艇、篷船适用于小河，而帆船、轮船应放在海、湖等有广阔水面之处。人物、动物配件点缀也必须适合景象环境。

（2）以少胜多。配件要少而精，否则易庸俗化，使景点分散，削弱主题。

（3）比例适当。首先应注意配件与主体景物的比例，配件宜小，以衬托山峰的高大。其次要注意配件之间的比例，应有近大远小的透视关系。

（4）配件固定，因质而异。石质或陶瓷配件宜用水泥粘接。金属配件可用化学胶黏剂粘接。深水处的小船可先用一块有机玻璃粘在船底，再粘于盆面，使船浮于水面，效果乃佳。

131. 软石类山水盆景如何养护?

（1）光照

不同植物对阳光照射时间、强度需求不一。一般而言，在水石盆景上栽种的植物如六月雪、青苔等都要有一定的耐阴性。软石类山水盆景宜放在早晚各见一小时左右阳光处，或放遮阴 80％左右处。如长期不见光照，山石上的青苔、小树木就会逐渐死亡。

（2）浇水

软石类石材大多数吸水性能好，其本身吸收的水分基本能满足山石上

的植物需要。但为保持山水盆景的清洁，要经常向山石上及小草木上喷水，最好用水雾细化的小喷壶，以免山石缝隙间本不多的泥土被冲走。浇水时，水从山顶部缓慢顺山峰流入盆中，以防止软石盆景的山峰顶部出现白色盐斑。因山水盆景用盆都较浅，盛水少，水分蒸发快，尤其炎热夏季要常浇水。正确的浇水方法要掌握 4 点：慢、细、勤、匀。

（3）施肥

山水盆景中的植物因为根部土少，并且穴内种植时不易换土，因此要经常追施肥料。施肥要施已发酵的有机液肥，如用饼肥沤制的液肥，施肥一定要稀薄，春夏秋各施 1～2 次即可。如山石上栽种喜微酸的小树木，可在液肥中适当加点“矾肥水”。

（4）修剪

山水盆景中的小草木不是主景，只是起衬托、美化、绿化作用，如枝条过长、叶片多而密，和山峰不成比例，就有喧宾夺主之嫌，也降低了盆景的观赏价值，应及时修剪，以控制其大小，达到和山峰恰当的比例，并保持其造型优美。如软石盆景中栽种的文竹长高后植株过大，和山峰失去应有比例，应从基部把把高大的枝茎剪除，促使新的枝叶萌发。如小树木已过大，无法修剪，可在每年春季把它从盆中挖出，栽种比例恰当的小树木。

（5）换水与清洁

应定期更换盆中贮存之水，以保持盆水清澈透明。换水的同时要用细小砂纸洗刷盆具，并将盆擦干后打蜡，以防沉淀物污染盆底。

（6）山石的保护

搬动盆景时要轻拿轻放，不要碰坏山峰和山脚。山水盆景在南方冬季，室外略加防护就可越冬；北方冬季气温常在－10℃以下，所以秋末冬初就应把山石盆景移入室内越冬。在北方冬季即使未种植植物的山水盆景也应放于室内，以防把山石冻裂。因风化、碰撞等原因把山石损坏时，要对山石进行整形，整形中要尽量保持山石原样。

132. 硬石类山水盆景如何养护？

（1）光照

山水盆景一般应放于半阴、温暖、湿润的环境中养护。因为山水盆景

中的植物根系极浅，不耐旱，也不耐寒。苔藓的良好生长也要求半阴、温暖、湿润的环境。夏季在室外摆放盆景应避免阳光直射。

（2）浇水

硬质石料是不吸水的，如果造洞时底部不放一块能吸水的瓦片，底部除了山石就是黏合山峰时的水泥，盆内虽然有水，山洞中的泥土如果不单独浇水，仍然是干的。这样的硬石类山水盆景，要根据气温高低、洞中栽种树木大小、水分蒸发情况，及时适量地向洞内浇水，以满足洞中栽种的草木生长、生存的需要，否则盆景中的草木将会干枯而死。如果山洞底部有能吸水的瓦片，先观察洞中泥土的干湿情况后再浇水。

在山峰比较低矮，利用山石自然凹陷坑洼处栽种的小草，因为泥土少，浇水时不能用水壶，从壶嘴流出的水柱有一定的冲击力，能把小草连部分泥土冲走，所以要用小喷壶从山石上喷水。

（3）翻盆

这里所说的翻盆，是借用树木盆景的翻盆而言，其目的、操作过程和树木盆景的翻盆是一样的。一般而言，同样大小，造型基本相同的硬质石料制成的盆景比松质石料制成的盆景价格要高几倍，也就是说硬石盆景比松质山石盆景要贵得多。所以硬石类山水盆景中栽种的植物都是木本的，而不是草本的。小树木在不大的土壤较少的山洞中能生存 1～2 年已经不易了，所以要在春天树木发芽前，把小树木从山洞中挖出，注意尽量少伤根，栽种到略大一点的瓦盆中复壮，在山洞中再种植一株有一定姿态的小树木。1～2 年轮换一次，这样盆景中的小树木才能生机蓬勃，叶片苍翠。

硬石类山水盆景的其他养护方面与软石类山水盆景的养护管理是一样的，不再赘述。

133. 盆景常用肥料有哪些？

（1）有机肥料

有机肥料即以有机物质成分为主的肥料，包括植物性肥料和动物性肥料，如粪尿肥、饼肥、鱼腥肥、骨肥、籽饼肥、绿肥等，这类肥料在不同程度上都含有氮、磷、钾 3 种成分，所以也叫完全肥料，又因这些肥必须经过微生物分解、发酵后才能被植物吸收，所以又叫作缓效肥料。

这类肥料来源渠道广，制作方便，分解过程缓慢，成本低，是最常用的肥料。

(2) 无机肥料

无机肥料是利用矿物质作为原料而制作的无机盐类，譬如尿素、硫酸铵、碳酸氢铵、硝酸铵、过磷酸钙、硫酸钾、硝酸钾等，品种极其繁多。这类肥料的成分都比较单纯，所以又称不完全肥料。无机肥肥效大，易溶于水，便于植物根部迅速吸收，故又称为速效肥料。

无机肥料根据其要素特性可分为氮素类化肥（尿素、硫酸铵、氨水、碳酸氢铵、硝酸铵）、磷素类化肥（过磷酸钙、磷矿粉、钙镁磷肥）、钾素类化肥（硫酸钾、氯化钾）、复合型化肥（磷酸铵、硝酸钾、磷酸二氢钾）。

(3) 微生物肥料

微生物肥料是用人工培养繁殖的有益微生物拌在填充剂中作为肥料施用，所以又叫细菌肥料，如根瘤菌、磷细菌、固氮菌、抗生菌等，植物必须通过土壤中细菌的活动，才能吸收在土壤中不能溶解的养料。

(4) 光肥

经科学家研究用光可以给植物施肥，称为光肥。

不同颜色的光波长不同，所具有的能量也不相同，对植物的激发作用也不尽相同。红光、橙光最易被植物叶绿素吸收而参与光合作用；蓝光、紫光次之；而绿光最少被吸收。红光、橙光有利于植物体内碳水化合物的合成，而蓝光和紫光有利于蛋白质的合成。近红外光对植物具有催长效应，能促使植物长高，而短紫光能矮化植物，并使其叶片增厚。有色光线可用有色灯泡或有色薄膜来实现。

134. 盆景是如何施肥的?

(1) 施肥的科学原则

施肥应根据季节的变化、树种特性和不同生长阶段的需要，掌握施肥的种类和施肥量，做到适时、适量。

一般在春末和夏季，植物进入生长旺盛期，要多施肥，充分吸收营养；入秋后生长速度缓慢应少施肥；冬季大多进入休眠期，应停止施肥，休眠期施肥易烂根。观叶盆景应适当多施氮肥，观花观果盆景宜多施肥，

尤其在花期前和果后，除施氮肥外，还应增施磷、钾肥。氮肥可促进植株枝叶生长；磷肥可促进其开花结果；钾肥可促进茎干和根部的生长，提高植株的抗逆性。

在树桩盆景养桩期间，为尽快造型，适合的肥料应是以氮肥为主，钾肥为辅，磷元素不缺少就行；在成型养护时，必须以磷肥为主，钾肥为辅，氮元素不缺少就行；养护期多施肥，一般是以新枝长超过10cm就可以施肥，这时施以无机肥为好，速效，吸收快。

施肥要领：枝叶瘦黄多施、芽前多施、含蕾多施、花后多施、瘠土多施；肥壮少施、发芽少施、开花少施、土肥少施；休眠不施、炎暑不施、新栽不施、病株不施、雨季不施。

(2) 施肥的注意事项

①施肥要用经过发酵的熟肥。未经发酵的“生肥”在盆内有限的土壤中发酵产生热，易烧伤植物的根。

②施用液肥应遵循“薄肥勤施”原则，最好把浓汁液肥稀释10倍左右后再用。

③刚换上土的植株也不宜施肥，必须在生长正常后先施薄肥。因换土使根系形成创伤，伤口未愈合时施肥对伤口不利，轻者植株生长不良，重者伤口霉烂，导致死亡。

④施肥应在晴天盆土干燥时进行，施肥的第二天还要浇大量的水。

(3) 施肥的方法

施肥的方法有基肥和追肥。

①基肥。在上盆或换盆时施入盆底部土中的肥料叫基肥。盆景的基肥多用固体肥料，如动物蹄片、骨头、腐熟饼肥等。将少许蹄壳、颗粒肥或饼肥、粪干砸碎成粒，均匀撒在盆深1/3的土面上，再盖上一层细土，以后按常规方法栽培。此法肥效长、释放慢，宜用于培养树桩和花果类。

②追肥。追肥是在植物生长期用稀释液肥浇施于盆面，为补充盆土中某些营养成分的不足而追施的肥料，浇肥的浓淡、次数、时期因不同栽培植物而有差别。常用方法有根部追肥法和根外追肥法。

根部追肥法即把腐熟的饼肥水、蹄片水等肥料加水稀释后施入盆内。室内盆景追肥用0.2%磷酸二氢钾和0.3%尿素各半的混合液浇入盆内。

根外追肥法又叫叶片施肥法，用密孔水壶或雾化喷壶将肥料喷洒在植物叶、茎上，能加强植物光合作用效率，控制呼吸作用，促进植物开花结果，提高坐果率，肥效迅速。

对于装土太满的盆景或小型、微型盆景，可采用浸施法施肥。将其浸泡在装有稀释液肥的盆中，肥水要高于盆景土面，浸透后即可。

(4) 肥料的配合施用

把成分和性质不同的肥料加工配合使用，可扬长避短，更好地发挥各种肥料的功效。肥料的配合施用一般采用以下三种方法。

①有机肥与无机肥配合，既有利于花木吸收利用，又能给微生物的活动提供能量来源，并可改善土壤结构，不使其板结。

②迟效肥与速效肥配合，可以保证花木在生长发育的各个时期都能得到充分的营养。

③直接肥料与间接肥料配合，既能满足花木生长发育的需要，又能改良土壤。

135. 盆景供肥有哪些特点?

(1) 适时

初上盆或换新泥的盆树，其根系会有损伤，暂不适宜施肥，待翌年开春或初夏生长恢复正常后再酌情供肥。入秋后，盆树生势渐缓，应少施肥。冬季盆树多处于休眠状态，则停止施肥。置放于阳台的盆树，若需施肥，宜于阴天或晴天傍晚进行，并先将盆内杂草除净、松土，至翌晨再浇一次水。

(2) 适量

盆树的适宜施肥量应遵循薄施、勤施的原则，由春至秋，一般 10～15 天追施一次稀薄液肥（肥、水比例大致为 3∶7）。或按盆树的生长状况，适当增减追肥次数，每次坚持不过量或过浓。

(3) 按需

氮肥（多选用尿素或沤熟的饼肥）促进枝叶繁茂，磷肥（骨粉或过磷酸钙）促进花艳果大，钾肥（草木灰或硫酸钾）促进根强茎壮，施用效果不同，应根据各类树桩的生长特性及观赏要求，有针对性地按需选用。

136. 怎样判断盆土干湿？

一看：看土色。盆土表面颜色若成灰白色，盆边缘土脱离盆，甚至盆面土多处有不规则裂缝，表明土质已经干透，需要浇水。若盆土颜色为黑褐色，则不需浇水。

二摸：摸盆土硬软。如果盆面土表现不明显，可摸盆土硬软。将手指轻轻插入盆土约2cm深处，感觉干燥或粗糙、坚硬，表明盆土已干，需立即浇水；若略感潮湿、松软，表明盆土湿润，可暂不浇水。

三举：举盆土轻重。根据端在手里花盆的轻重判断，在干透的情况下要轻许多。

137. 盆景如何浇水？

浇水是盆景管理中的一个最基本也是最主要的技术。植物生长离不开水分。浇水一定要做到适宜，总的原则是“见干见湿、不干不浇、浇则浇透”，具体要根据多方面因素来决定。

（1）看树木的品种。一般针叶树类表面积小，水分蒸发少，因此需水量也小；阔叶树类叶表面积大，水分蒸发多，因此需水量也大。树木有些喜干，有些喜湿，应根据它们的习性掌握浇水量。

（2）浇水时间。在不同的时期，植物的需水量也不同。在生长期、开花期和结果期需要水分最多，在休眠期需要水分较少。一般春秋季节每天或隔天浇1次水；夏季每天浇1～2次，宜早晚浇水；冬季2～3天浇1次水，或者几天浇1次水，宜中午浇水；梅雨季节则几乎不需浇水，还要注意排水。

（3）看盆土的种类，盆的质地、大小和深浅。沙质土壤可多浇水，黏性土壤要少浇水。陶盆易干，石盆、釉盆次之，瓷盆不易干。小盆、浅盆土量少易干，大盆、深盆土量多比较不易干。易干的要适当增加浇水的次数。

（4）浇水方法。浇水可以叶面喷水，也可以根部灌水，一般两者结合，先叶面喷水，再根部灌透水，注意不要浇“半截水”造成盆面湿、盆内干的现象，而且叶面喷水也不可过多，否则易引起枝叶徒长。

138. 春季树桩盆景如何养护?

(1) 浇水

浇水要求保持盆土湿润，不能太干燥，因为春季树桩处于发芽期，一旦焦芽无法挽救。

(2) 施肥

施肥要求量少次数多，以有机肥为主，无机肥为辅。

(3) 修剪

春季室外盆栽的树桩在未发芽前需细细修剪一次。方法为：剪去重叠枝、细弱枝、枯死枝、平行枝、徒长枝，留发展枝并蟠扎，使其达到造型完善的目的。新枝长到 5～10cm 时再次修剪。松树类不能用剪刀剪，应在芽抽出后发开前用手掐掉不需要的部分。

(4) 换土换盆

春季也是盆景换土换盆的最佳季节。不透水的、根系太多并成盘状、盆土过多过少的需换土。景与盆比例失调的需换盆。盆土要肥沃、疏松、透水性好、酸碱度适中。盆器选紫砂盆最好。

(5) 病虫害防治

病虫害防治对象主要是蚜虫。

139. 夏季树桩盆景如何养护?

夏季主要是控制好盆内水分。梅雨季节常检查盆内有无积水，如有积水烂根应立即脱盆，放置避雨处，待盆土有些干后再重新上盆。高温季节最好晚上浇水，第二天早晨再检查并按需补水，中午气温高时避免浇水。小型盆景和浅盆要放置在沙盘上，喜阴植物不能直接在太阳下曝晒。避免高温时施肥，以防树桩受伤。修剪要求在保住原有造型的基础上留方向枝。夏季是病虫害高发期，病害以防为主，虫害要及时发现及时喷洒农药，同一种农药最好不连续使用。

140. 秋季树桩盆景如何养护?

秋季要做好防治病虫害工作。常见病害有腐烂病、叶面褐斑病、白斑

病、黄化病等。常见虫害有介壳虫、红蜘蛛、蚜虫、刺蛾、天蛾、潜叶蛾等。秋天的浇水次数要减少，只要保持盆土不失水即可。秋天应施一些长效肥，如动植物腐熟后稀释液、粪便发酵稀释液等。施肥必须在盆土微干后进行，这时有利于植物吸收。入冬前停止施肥。秋天对盆景植物的修剪次数也要减少，一般只剪徒长枝，因为有些落叶植物要进入休眠，之前不能强行修剪以促使其发新叶。

141. 冬季树桩盆景如何养护？

某些品种的盆景在某些地区入冬后须进温室养护。如长江中下游地区的火棘、雀梅、榕树、福建茶、三角花等南方盆景植物要进温室过冬。留在室外的一些枯干式盆景可用草或塑料薄膜裹住干和裸露盆土外的根部，小型的盆景放在沙盘上。冬天一般要求 1 星期左右浇 1 次水，平时按需补水。冬天温室内盆景可修剪、复片，方法和春季室外的盆景管理方法相似。初冬、晚冬时气温相对偏高，这时可适当开窗透风。室外最低气温不低于 5℃时可将盆景搬出温室。

在盆景养护过程中，由于一时疏忽会造成盆景缺水、叶面干萎现象，发现问题早的可急救，方法是先向盆土浇水，然后将枝叶全部浸入水中 5～10小时，拿出水后叶面饱满有光泽，然后脱盆放置在通风遮阳处，经常对叶面喷水，两三星期后可正常养护。伤肥的可将其脱盆拆去土，洗净根部并重新移栽上盆，放置通风遮阳处。

142. 山水盆景如何养护？

（1）春季山水盆景养护

①浇水

对山水盆景的浇水应掌握细、慢、勤、透原则。春季浇水视天气变化情况，每天 1～2 次。

②施肥

施肥遵循少量、勤施原则，且要施已发酵的有机液肥，春季施 1～2 次。

③修剪

山水盆景的植株如枝条过长，叶片过密应即时修剪，以保持其艺术造

型。若山石上种的小树木已过大，无法修剪，则在每年的春季把它从盆中挖出，栽种比例恰当的其他小树木。

④病虫害防治

山水盆景的绿化植物其生长势一般比树桩盆景植物弱，防治病虫害工作应常进行，一旦发现，要及时防治，彻底根除。

(2) 夏季山水盆景养护

山水盆景所用的盆钵一般较浅，盛水也少，在夏季高温时水分蒸发快，应及时补充盆中的水分，尤其是不吸水或吸水性差的硬质石料。浇水时除了在盆中注满清水外，还需经常对植株和山石进行喷水，每日 2～3 次。

夏季忌强光直晒，应移至半阴处遮阴。夏季要向扎根后的植物施用饼肥浸水腐熟后稀释的液肥 1～2 次，以补充养分，也可把山石浸入稀释的肥水中，浸透并用水淋洗表面后，重新置于盆中。

(3) 秋季山水盆景养护

秋季视天气变化情况，每天浇水 1～2 次，还需向盆内蓄水。施肥 1～2 次，与春季管理一样。此外，还应注意病虫害防治。

(4) 冬季山水盆景养护

冬季浇水要少，当气温降至－5℃以下时，应移入室内有光照和通风的地方，适量减少浇水，可 2 日或数日浇水 1 次。如室内干燥，以喷浇枝叶清洗植物叶片为主，保持叶面油绿光亮和土壤湿润，利于光合作用。这样既可防止植物受冻害，又可避免松软山石冻裂。平时可浇一些剩茶水、养鱼水，停止施肥。

北方冬季气温常在－10℃以下，所以秋末冬初就应把山石盆景移入室内越冬。在北方冬季即使未种植植物的山水盆景也应放于室内，以防把山石冻裂。

143. 怎样制作黑松盆景？

黑松（*Pinus thunbergii* Parl.）为松科松属常绿乔木，别名白芽松。黑松是我国传统的盆景树种，在我国南北方地区普遍栽植，树桩资源较丰富。其气势雄伟，刚直挺拔，颇具阳刚之气，被称为“男人松”。树高因生长环境而异，在肥沃疏松、土层深厚处生长的植株高达数十米，而在土质贫瘠、环境恶劣处则高不盈尺。

(1) 形态特征

树冠幼时呈圆锥形，老时呈扁平扇形。树皮灰黑色，有鳞片状龟裂。冬芽银白色，圆柱形。叶针形，2针1束，从生在短枝上，其叶硬而粗，前端尖锐，呈暗绿色，有光泽。球果呈圆锥状卵形，9—10月成熟后呈褐色。

(2) 生态习性

黑松喜阳，耐旱、耐寒、耐贫瘠，怕湿涝，对土壤要求不严。黑松萌芽力不强。

(3) 取材与培育措施

黑松树桩主要从山地挖取。野生于贫瘠山崖、沙石坡地的树桩，以树干显苍老，干节粗短、弯曲，露根为佳。挖掘时间宜在小寒和大寒之间，挖掘时树桩的根要完整，根要带泥土，才容易成活。

黑松树桩也可挑选绿化苗木中树干较粗，下部有枝条的植株，经截干处理后培育成盆景桩材。可在冬季至早春萌芽前的休眠期挖掘，移栽时将主根截断，多留侧根和须根，并带宿土或用原土在根部打上泥浆，以保存松根菌，有利于成活，最后在根部套上塑料袋或用草绳包裹，以保鲜保湿。还要对根、干、枝进行短截，剪除造型不需要的枝干，短截前要仔细审视，尽量一次到位，所保留的枝条上一定要有松针，否则就会出现哪一枝不带松针，哪一枝死亡，全株不带松针，全株死亡的现象，并在较大的伤口处涂上白乳胶，以防止树液流失。

挖掘来的黑松树桩先栽在较大的泥瓦盆中“养坯”，栽种前再细致地进行一次修剪，并尽量缩小树冠和根的伸长范围，还应考虑该素材适合制作什么形式的盆景，为以后的造型做准备。盆土可用腐叶土或山泥加沙土混合配制。成活后放在阳光充足、通风良好处养护，平时保持盆土偏干，经过2年左右的“养坯”就可以造型了。

(4) 上盆过程

上盆种植时，可将带针叶的松枝剪短一半，同时剪短太长的根。上盆时根部要伸张好，不要抱在一起。种植后要浇透水，放置遮阳、通风的地方。观赏盆可选择中深型。盆土以疏松、中性或微酸性土壤为佳，如采用山皮土、腐叶土，加少量的粗沙拌匀种植。含腐殖质的塘泥土经晒干打碎后，非常适宜种植黑松。

(5) 整姿技术

黑松的幼树枝干柔软，可塑性强，可根据其特点蟠扎成曲干式、斜干式、临水式、悬崖式、附石式等多种不同款式的盆景。老桩则根据树桩的形态，因势利导，因材附形，采取修剪与蟠扎相结合的方法，制作出自然优美、苍劲古朴的盆景。无论哪种形式的黑松盆景都要以大自然中的古松为依据，并参考画中的松树，使其既符合自然规律，又具有较高的艺术性。

黑松盆景的造型可在 1—3 月树液流动较为缓慢时进行，这时枝条的伤口处基本无松脂溢出，对其生长影响不大。黑松的萌发力较弱，应利用原有的枝、干进行吊扎造型，将多余的枝、干、根缩剪，并对其生长方向进行调整，将向上生长的枝条调整为平展式或下垂式，除直干式盆景外，其他形式的盆景要避免主干、枝条、根有僵直的线条出现，使其刚柔相济，曲折有致。黑松的根系发达，可根据造型的需要进行提根，以表现其苍古的韵味。

144. 怎样制作黄山松盆景?

黄山松（*Pinus taiwanensis* Hayata）为松科松属常绿乔木，为我国特有种，又名天目松、台湾松。

黄山松为我国亚热带东部山中适生针叶树，广泛分布于安徽黄山、大别山海拔 600～800m；浙江天目山、雁荡山海拔 800～1500m；福建武夷山、戴云山海拔 1000～1500m；台湾中央山脉海拔 800～2400m 以及河南、江西、湖北、湖南等省。

（1）形态特征

常绿乔木，树皮深灰褐色而略带红色，裂成鳞状厚块片，冬芽深红褐色。叶 2 针一束，略粗硬，鲜绿色，长 5～13cm，叶鞘宿存。球果卵形，几无梗，可宿存树上数年。干形常弯曲，侧枝平展，冠偃如盖。生长于安徽黄山高峰之上者，由于环境的影响，姿态万千，如玉屏楼前的“迎客松”“送客松”，北海的“麒麟松”“黑虎松”，天海的“卧龙松”等，自然形态极美，均为黄山松造型的范例。

（2）生态习性

黄山松极喜光，适生于凉润、空气湿度较大的高山气候，垂直分布在海拔 700m 以上。要求土层深厚、排水良好的酸性土壤，在土层瘠薄、岩石裸露的孤峰山脊上生长，则枝干低矮、弯曲。黄山松姿态奇特古雅，叶

细而短，最适于制作盆景。

(3) 取材与培育措施

人工繁殖：黄山松多用种子育苗繁殖，发芽率较高，一般可达 80%～85%。在 11 月下旬到 12 月上旬球果呈黄褐色时，从树冠茂密的健壮母树上采集饱满的球果，进行脱籽处理。日晒约 10 天后种鳞开裂，去翅除杂，装袋冬藏。“春分”前后播种，苗圃地以土质疏松、排水良好的酸性土为好。喷洒 75%五氯硝基苯或高锰酸钾液进行土壤消毒。播前先将种子用水淋湿后用钙镁磷肥拌种。1 公斤种子约拌 0.5 公斤钙镁磷肥。播后用细土覆盖约 2cm，再用草遮盖，一个月后开始陆续发芽出土。6 月份可施一次稀薄腐熟人尿，施后用清水淋洗苗叶，再用 0.5%波尔多液喷洒防病。7—8 月为幼苗生长旺盛期，9 月下旬停止生长，当年苗木可达 20～25cm 左右。盆栽可选用 2～3 年生粗壮棵矮的树苗，再进行加工造型。

山野采掘：黄山松天然更新容易，在海拔 700m 以上山地的岩石隙缝、岗脊及坡地上都可飞子下种。在山野选取生长粗壮矮小的黄山松野生苗，以枝干蟠虬，针叶短而密者为好，便于以后上盆造型。

采掘后要及时下地培育，栽前将全部针叶剪短一半，以减少蒸发。宜选择光照充足、通风良好、土壤较瘠薄处栽培。为了控制水分和养分，炎夏季节要用芦帘适用遮阴，做到晚揭早盖，并每天喷水 1～2 次，保持表土湿润。地栽培育 2 年后，即成良好的盆景素材。

(4) 上盆过程

选盆：黄山松姿态潇洒优雅，苍古狂逸，自然多变，故一般宜选用形状古朴、色泽深沉的紫砂陶盆，通常以浅盆为主。盆的形状依树形而定，如直干式、双干式、斜干式等宜选长方形盆或椭圆形盆；曲干式可选海棠形盆或马槽盆；悬崖式可用深签筒盆、中深四方形盆或圆形盆；大型盆景可用白矾石、大理石等凿石盆；小型盆景也可选用釉陶盆。

用土：黄山松适宜酸性沙质壤土，pH 值为 4.5～5.5，中性土或微酸性土也生长良好。盆栽最好用山土或腐叶土，掺拌 30%～40%的沙土为培养土。

栽种：黄山松的栽种以 3—4 月最为适宜，秋后栽种亦可。移栽时需带宿土泥球，以利于尽快服盆成活。栽前应先检查有无伤根、烂根和过长主根，如有则必须剪除，在伤口上涂以蜡或油漆，以免松脂溢出。松类忌湿，故盆底须填上碎瓦片或木炭，上覆一层粗沙，以利透气排水。浅盆则用塑料纱网垫在盆孔上。栽种时要用干燥土，将根部的土充分填塞，摇动盆钵，用竹签揿实，铺上青苔，浇一次透水，放置半阴处，约 10 天后，再逐渐移至阳光充足处，但不能一下移到强光下曝晒。

(5) 整姿技术

加工：黄山松的整姿造型以蟠扎为主，修剪为辅。蟠扎用棕丝或金属丝均可，而用金属丝最为方便，容易掌握，但须注意定型后及时拆除，以免发生“陷丝”现象，造成枝条损伤。黄山松一般结合上盆进行整枝加工，按照今后树形的需要，除去徒生枝、交叉枝、并行枝及多余的枝条，依造型需要先蟠扎主干，再适当吊扎枝干，只需简单加工，不必过于细琐繁杂，待以后再逐年整形加工。

山野挖取的黄山松树桩经地栽养坯 1～2 年后即可上盆加工，也可露地培养，每年进行一次造型加工，第二年挖起切断主根，重新下地，再调整造型姿态，促使多发侧根，待数年后上盆即可成型观赏。

黄山松的整枝修剪宜在冬末春初进行，此时为休眠期。蟠扎造型在生长期进行为好，此时树液流动，枝条柔软，便于拿弯绑扎。

树形：黄山松盆景形态自然多变，苍健俊逸，具有典型松树之特征，可制成直干式、斜干式、卧干式、曲干式和悬崖式。其造型要求可参照黑松的造型，不一定要剪扎成片，只需通过摘心方法，即每年春季将新萌嫩芽摘去 1/2，便可控制枝叶生长。

145. 怎样制作金钱松盆景?

金钱松（*Pseudolarix amabilis*（Nelson）Rehd.）为松科金钱松属的落叶乔木，又称金松、水树，是我国的特有树种。

(1) 形态特征

老干呈红褐色，有鳞片，枝条不规则轮生，有长枝和短枝之分。叶子线形，极其柔软，簇状生于顶端。春天里显现出嫩绿的色泽，仿佛杨柳新叶的颜色，沁人心脾，十分美丽；而至深秋时节，则金黄灿烂，仿佛漫天阳光，给人温暖的视觉感受；待到隆冬腊月，金钱松开始落叶，叶基部仿佛金钱状，故名“金钱松”。

(2) 生态习性

金钱松喜光，适温暖湿润气候，要求深厚肥沃、排水良好的中性土或

微酸性沙质壤土；在干燥瘠薄之地，则生长缓慢，常提早封顶。能耐稍低温度（－10℃），而不耐干旱，年降水量需在 1000mm 以上。

(3) 取材与培育措施

人工繁殖：一般采用播种法育苗繁殖。10—11 月采收成熟球果，堆放室内，待果鳞松散，揉搓脱粒，筛选净种，贮于布袋中，风藏过冬。到初春 2 月下旬至 3 月上旬播种，播前将种子放入 40℃温水中（自然冷却），浸泡一昼夜，播于土层深厚疏松、有机质丰富的沙壤土苗床上，用 3%硫酸亚铁溶液喷洒床面。因金钱松为菌根树种，播后用焦泥拌菌根土覆盖，以不见种子为度，再盖以稻草。通常 15～20 天后即可发芽出土，要及时揭草，并喷洒 1%波尔多液以预防苗木猝倒病。在 6—8 月，要搭棚遮阴，苗期不耐干旱，水肥管理宜勤。9 月份后，暑热渐消，进入生长旺盛期，要全面松土除草，增施稀薄腐熟的饼肥水，拆除荫棚，以培养健壮苗木。幼苗留床一年，次年结合间苗予以换床。换床时，应剪去部分主根，促使侧根生长发育，根部要多带宿土，维护菌根。2～3 年生苗木高达 20～30cm，即可上盆栽植。

(4) 上盆过程

选盆：金钱松宜用紫砂陶盆或釉陶盆。当合栽时，多用长方形盆或椭圆形浅盆；当单株栽植时，常用中深的长方形、正方形、椭圆形、圆形或六角形等形状的盆钵。

用土：金钱松宜用肥沃疏松、排水良好的微酸性沙质壤土。盆栽以用山土或腐叶土为宜，并须拌有菌根土。

栽种：金钱松的栽种时期宜在 3—4 月出芽前，或秋季落叶后。金钱松合栽时，因用盆较浅，最好将根部按布局位置用铜丝扎成一体，固定在盆底，待翻盆时再行拆除。合栽的布局很重要，须注意参差有致，疏密得当，主次分明。一般先确定主树的位置，宜在盆的左侧或右侧 1/3 处，略许偏前；副树则宜放置在主树相反方向的 1/3 处；衬树宜放置在主树附近，但不可平行。三个部分联起来应成一个不等边三角形。在这个合栽基础上可以灵活变化，高低相错，富有丛林风光。合栽通常有三株、五株至九株不等，不宜采用偶数。

(5) 整姿技术

加工：金钱松合栽时，主干一般不需加工，保持其固有的挺直形态，对侧枝可进行修剪或扎成下垂状。树苗多选用 2～3 年生的幼苗，宜有粗有细，有高有低，作为主树的要较高大。金钱松单株栽植时，可选用 3 年生稍大的树苗，将主干进行蟠扎加工。

金钱松枝条柔软，易于弯曲，蟠扎较方便，但须注意及早拆除，否则很易陷丝，影响美观。蟠扎加工宜在春季萌芽以前进行。修剪加工不论在休眠期或生长期均可进行。

树形：金钱松最宜于制作合栽式，表现出丛林的景象。单株栽植可制作成直干式、斜干式或曲干式等，并可将枝叶蟠扎成“云片”状。

146. 怎样制作五针松盆景?

五针松（*Pinus parviflora* Sieb. Et Zucc.）为松科松属常绿小乔木，又称五钗松、日本五须松、日本五针松。五针松原产于日本，我国长江流域各城市及北京、青岛等地均有栽培，各地园林中种植为盆景的亦多。

(1) 形态特征

树皮呈鳞片状开裂，姿态古朴苍劲。针叶细短，五针成簇，叶表面有白色气孔线，叶鞘早落。枝叶紧密，可塑造成片状，有如层云涌簇之势，为树木盆景之珍贵树种。栽培品种有短叶五针松，其树形矮小，叶密集而甚矮，仅及本种叶长 1/2，表面白色气孔线显著，更适于制作盆景。

(2) 生态习性

性喜阳光，适生于土层深厚湿润、排水良好的微酸性土壤或灰化黄土壤，碱性土及沙土均不适宜生长。忌水湿而畏炎热。

(3) 取材与培育措施

我国引种栽培五针松，由于结实少，且多发育不良，种粒发芽率低，故多采用嫁接法繁殖。一般以黑松 2～3 年实生苗或老桩作砧木，选取生长健壮的五针松的 1～2 年生枝条作接穗，长约 8～10cm，剪去下部针叶，在初春时用切接或腹接法接于砧木之根颈部。接合后壅土至嫁接处，放在室内保养，3—4 月移至室外避阴地方，天旱时需浇水。待接穗愈合发出新芽时，即可剪去砧木先端枝叶，以后随着接穗抽芽生长，分几次剪去接穗以上的砧木，而成为五针松植株。也可用芽接法，选取长 2cm 以上的五针松芽头作接穗，于 3—4 月用劈接法接于黑松顶芽上，以砧木枝梢针叶包裹荫蔽，予以保护。接活后的五针松，在短期内可培养成较好的五针松盆景，老桩新枝，姿态优美。芽接成活率较高，生长快，但要注意及时

解除缚扎物。

(4) 上盆过程

选盆：五针松姿态清秀古雅，翠叶葱茏，宜用外形古雅、色泽深沉的紫砂陶盆。悬崖式用中深圆形盆或正方形盆；直干式、斜式则用长方形盆或椭圆形盆；合栽式用较浅长方形盆；曲干式用稍深的马槽盆；提根式用较浅的圆形盆，其大小则根据树形而定。

用土：五针松用质地疏松、肥沃而偏酸性的沙质壤土、黄泥或腐叶土最为适宜。家庭堆制培养土，应掺拌20%～30%沙土，以及腐熟饼肥1～2份，使肥、土融和，养分充足，透气透水性好，有利于五针松根系发育，枝壮叶茂。

栽植：五针松上盆栽植以春季2—3月萌芽前为佳。上盆时修剪伤根、烂根，剪短粗根，在剪口上涂蜡，以防松脂外流。盆底用粗沙或木炭屑垫空，以利排水。浅盆只需垫以塑料沙网即可。栽植位置根据树形而定。栽时盆土要稍干，填土时要疏松适度，摇动盆钵，并小心压实。栽后，盆土上铺以青苔，然后浇透水，放置半阴处，待生长恢复后，再移至阳光充足处。

(5) 整姿技术

五针松生长发育的特点：枝条自然形成层片，层次分明，线条清楚；生长缓慢，枝干上无不定芽萌发，因此不耐修剪；粗枝不易屈曲，蟠扎造型必须从幼龄开始。所以，五针松造型应以吊扎为主，结合修剪，作为基本方法。

蟠扎：为五针松造型的主要手段，采用金属丝或棕丝进行蟠扎，使主要枝干塑造成所需要的形态。次要枝条略加蟠扎，达到所需要的方向和角度，以后逐年加工，使主干弧曲，枝叶成片，如层云涌簇之势。蟠扎造型以在幼龄期3～4年生开始为好，以金属丝蟠扎，须在定型后及时拆除，以免“陷丝”，影响美观和造成损伤。

修剪：五针松分枝呈轮生状，不修剪就不能长成优美树形。树干上每一轮最多留2个主枝，同一轮上的2个主枝应一长一短，不宜均衡等长，每株五针松主枝不宜过多，应将多余的枝条删繁就简地修剪，以中小盆景为例，只留5～7主枝，形成骨干，达到精练简凝的程度。同时要调整主枝的生长方向，矫正主枝的伸展姿态，使所有的枝条处理得统一协调。对已成型的五针松，每年也要修剪1次，剪去过密枝、弱枝、枯枝以及扰乱树势的各种分枝。

修剪时期以在五针松休眠期即将结束时为宜，不要在生长季节修剪，以免剪口溢流树脂。

五针松的主干以独干为主，但也可能出现一本双干或一本多干的；如一本双干，则要选择其中高大的为主干，矮小的为副干，两干要一偃一仰，亲切协调；如一本多干，则要高低参差，前后错落。

五针松不仅具有典型的松树形态特征，而且可塑性较大，通过修剪和控制生长，达到小中见大的效果。造型应着重表现潇洒苍劲、古雅兼备、富有诗情画意的艺术形象。

147. 怎样制作刺柏盆景?

刺柏（*Juniperus formosana* Hayata）为柏科刺柏属常绿乔木，又称桧柏、台柏、刺松。

（1）形态特征

刺柏树皮褐色，有纵向沟槽，呈条状剥落。枝条疏散向上生长，小枝下垂，三棱形，初为绿色，后呈红褐色。三叶轮生，叶针刺形，先端尖锐，表面略凹，中脉稍有隆起，叶绿色，在两侧各有一条白色气孔带，于叶的先端合为一体。刺柏树干苍劲古朴，叶色翠绿，四季常青，枝条柔软，易于造型，是制作盆景的好树种。

（2）生态习性

刺柏喜温暖湿润和阳光充足的环境，稍耐阴、耐寒冷和干旱，忌积水。刺柏为浅根性植物，喜疏松、肥沃土壤，偏酸性。

（3）取材与培育措施

用于制作盆景的刺柏可用播种、扦插、压条等方法繁殖，也可选择生长多年，植株矮小，形态苍老虬曲的树桩制作盆景。其挖掘移栽多在冬季或早春萌芽前进行，移栽前先根据树桩的形态进行疏剪，把不必要的枝条全部剪除。挖掘时将主根截断，多留侧根、细根和须根。最好能带土球移栽，对于裸根的植株，要做好根系的保湿保鲜工作。先栽在素沙土中养坯，数量多时可栽在地下，数量少时或家住楼房者也可盆栽养坯。栽后将土压实，浇透水，喷一遍水后，用透明的塑料薄膜将植株罩住，以保温保湿。春季随着温度的升高，树桩会逐渐发芽，当塑料薄膜内的温度过高或

湿度偏低时，可打开塑料薄膜的一角通风降温，并及时补充水分，但土壤不能积水，以免沤根，等植株生长稳定后应逐步去掉塑料薄膜。对于成活的树桩第一年可任其生长，也不要进行造型，等第二年的春季再移入疏松透气、排水良好的沙质壤土中，并进行造型。

(4) 上盆过程

长势好的树桩于立秋前一周上盆，用微酸性疏松土壤，按习性放置。

(5) 整姿技术

对于播种、扦插、压条繁殖的刺柏幼树，可用金属丝进行蟠扎，蟠扎时要尽量利用树干的原有形态，加工成单干式、斜干式、曲干式、临水式、悬崖式、附石式等不同形式的盆景。对于生长多年的老桩造型要因树而异，参考大自然中的柏树形态和绘画中的古柏，采用粗扎细剪的方法，以表现出柏树既苍老古朴又生机勃勃的风姿。刺柏在蟠扎时常以金属丝边缠绕、边扭转、边弯曲，有人称其为“扭筋转骨法”。在蟠扎主枝时应顺着金属丝扭曲的方向向下压，以防止基部裂开。当金属丝开始勒进枝干时，应及时解下金属丝，若形状达不到要求，可重新进行蟠扎，以避免造成伤痕。对于刺柏老桩还可根据需要，沿着树皮的纤维，剥去部分树皮，涂上石硫合剂，制成“舍利干”或“神枝”，使其苍老古拙。在剥皮时要沿着树桩的水线扭曲进行，以达到“源于自然，又高于自然”的艺术效果。

148. 怎样制作圆柏盆景？

圆柏（*Sabina chinensis*（L.）Ant.）为柏科圆柏属常绿乔木，在传统盆景上又名圆柏，是树桩盆景的优良材料。

(1) 形态特征

圆柏有鳞形叶的小枝，圆形或近方形。叶在幼树上全为刺形，随着树龄的增长刺形叶逐渐被鳞形叶代替；刺形叶三叶轮生或交互对生，长6～12mm，斜展或近开展，下延部分明显处露，上面有两条白色气孔带；鳞形叶交互对生，排列紧密，先端钝或微尖，背部面近中部有椭圆形腺体。雌雄异株。球果近圆形，直径6～8mm，有白粉，熟时褐色，内有1～4（多为2～3）粒种子。

(2) 生态习性

圆柏是喜光树种，较耐阴，喜温凉、温暖气候及湿润土壤。忌积水，

耐修剪，易整形。耐寒、耐热，对土壤要求不严，能生于酸性、中性及石灰质土壤上，对土壤的干旱及潮湿均有一定的抗性。但以在中性、深厚而排水良好处生长最佳。深根性，侧根也很发达。生长速度中等而较侧柏略慢，25 年生者高 8m 左右。寿命极长。

(3) 取材与培育措施

圆柏在我国分布甚广，制作盆景常在春季萌芽前，到山野挖掘野生树桩，进行培育加工；也可在种子成熟时采收沙藏，约经 1 年时间，再播种育苗；还可在 5—6 月采用嫩枝扦插或在 9—10 月采用硬枝扦插繁殖；也可在梅雨季节进行压条繁殖。

(4) 上盆过程

春季 3—4 月移栽上盆为好，选用釉陶盆或紫砂陶盆。盆形随树形而定，曲干式、卧干式等造型用长方形盆或椭圆形盆，直干式造型常用中深的圆形盆，悬崖式造型用高深签筒盆。培养土用疏松肥沃、排水透气性好的沙质壤土，可选用田园土、草炭土、腐殖土等，掺拌适量沙土及糠灰配制。移栽上盆时要求植株（树桩）根部带宿土，不宜裸根移栽。

(5) 整姿技术

圆柏通常采用“剪扎结合法”进行加工造型，蟠扎多在秋末冬初进行，以棕丝、白苎丝、麻绳、塑料条等进行蟠扎为好；也可采用铜丝、铅丝、铁丝等金属丝进行蟠扎，定型后及时拆除蟠扎物，以防陷丝而影响植株生长和树形美观。对较大的枝、干，可按创作的立意与构思进行“雕琢”加工；枝叶多修剪成半圆形或层片状。

149. 怎样制作铺地柏盆景？

铺地柏（*Sabina procumbens*（Endl.）Iwata et Kusaka）为柏科圆柏属匍匐型常绿灌木，又称地柏、爬地柏、匍地柏、偃柏。

(1) 形态特征

铺地柏树皮赤褐色，呈鳞片状剥落。枝茂密柔软，匍地而生。叶全为刺叶，三叶交叉轮生，叶面有两条气孔线，叶背蓝绿色，叶基下延生长。球果球形，带蓝色，内含种子 2～3 粒。

(2) 生态习性

铺地柏为温带阳性树种，栽培、野生均有。喜生于湿润肥沃、排水良

好的钙质土壤，耐寒、耐旱、抗盐碱，在平地或悬崖峭壁上都能生长；在干燥、贫瘠的山地上，生长缓慢，植株细弱。浅根性，但侧根发达，萌芽性强、寿命长，

(3) 取材与培育措施

铺地柏盆景取材以人工繁殖为主。多采用扦插法繁殖，在春季3月进行，选取1年生，插穗长12～15cm，剪去下部分枝叶，插深5～6cm。插后将土壤揿实，浇透水，搭棚遮阴。苗床土壤以肥沃疏松的沙质壤土为佳。高温天气宜勤浇水，但也不宜过湿。插后约3个月即可发根，成活率达90%左右。扦插一次可获得较多苗木，但多细小，需培育多年才能上盆造型。培育铺地柏苗木，还可用嫁接或压条法繁殖。

培育扦插成活的小苗在第二年春天分盆栽种。培育3年左右可做微型盆景，培育5年左右可做小型盆景。根据小树形态，在培育中就要初步造型。为了尽快获得树干有一定粗度的树材，可到花市购买有10余年树龄的盆栽地柏。观树后立意构图，剪除造型不需要的枝条，栽入比较肥沃的培养土中，边培育边进行初步蟠扎造型。一般培育2～3年可制作中大型盆景。

(4) 上盆过程

①选盆：铺地柏盆景通常用紫砂陶盆或釉陶盆。悬崖式用高深的签筒盆，临水式用较浅的长方形盆，曲干式用中深的椭圆形盆。

②用土：铺地柏以肥沃疏松、透水性好的沙质壤土为佳，在中性、石灰性或微酸性土上均能生长。

③栽植：上盆时间以3—4月为好，秋后也可进行。由于铺地柏树冠多偏向朝阳的一面，上盆栽种时要注意根部的固定，防止倾倒。用较浅盆钵时，要用铜丝将根部固定于盆底。

(5) 整姿技术

铺地柏枝干自然匍匐生长，树冠偏向一面，故造型时，不宜过度修剪，应以蟠扎为主，用金属丝或棕丝均可。蟠扎以大枝条为主，可一次一剪，也可多次完成。小枝可进行适当修剪，整形宜在冬季或早春进行。铺地柏主干多制作成一干式、悬崖式和曲干式，以粗扎细剪的方法将枝叶做成馒头状，也可通过剪扎造型，制作成龙、凤、狮、鹤等动物形态，栩栩如生，颇具观赏价值。

150. 怎样制作罗汉松盆景?

罗汉松（*Podocarpus macrophyllus*（Thunb.）D. Don）为罗汉松科罗汉松属常绿乔木，又称土杉。

(1) 形态特征

罗汉松树皮暗灰色，鳞片状开裂；主干挺直，枝条平展而密生。叶螺旋状互生，条状披针形，两面中肋隆起，表面浓绿色，背面黄绿色，有时具白粉。4—5 月开花。种子核果状，卵圆形，熟时呈紫红色，似头状，种托似袈裟，全形如披袈裟的罗汉，故名“罗汉松”。

主要变种有：

①小叶罗汉松，又称雀舌松。呈灌木状，叶短而密生，多着生于小枝顶端，背面有白粉。

②短叶罗汉松，叶较短小。江、浙有栽培，盆栽最佳。

③狭叶罗汉松，叶条状而细长，先端渐窄成长尖头，基部楔形。

罗汉松分布于江苏、浙江、安徽、江西、福建、湖南、湖北、广东、广西、四川、贵州、云南等省区，为亚热带树种。日本也有分布。

(2) 生态习性

较耐阴，喜生于温暖湿润的地区，要求肥沃疏松、排水良好、微酸性的沙质壤土，耐寒性不强，寿命较长。夏季要避开日晒或强光直射。

(3) 取材与培育措施

人工繁殖：通常采用播种及扦插法繁殖。扦插分春插和秋插两种，春插在 3 月上中旬，选取健壮的一年生枝条，长 8～12cm，去掉中部以下的叶片，插深 4～6cm，插穗切口须带踵，插后苗床需搭荫棚，经常浇水及喷叶面水，保持土壤湿润。在精心管理下，约 90 天后即可生根。秋插于 7—8 月进行，以半木质化的嫩枝为插穗，余同春插，入冬须用塑料薄膜覆盖防寒。苗木移植以春季 3 月最适宜，应多带宿土或土球。

播种繁殖于 8 月下旬采种，除去种托，随采随播，或阴干沙藏，至次年 2—3 月春播。条播行距 15cm，播后覆土厚约 2cm，上盖稻草，出苗后，搭棚遮阴。春播苗 9 月停止施肥，秋播要注意冬季防寒措施，当年不施肥。幼苗通常留床一年，然后移植培养大苗。

野外采掘：江南山区有野生罗汉松的分布，可寻找山沟岩缝中生长的

小老树，采掘植株矮小、枝干婆娑、苍古矫健、姿态优美者，先进行露地培养，待根系发育良好、新枝叶茂盛时，再移植盆中，进行加工造型，即可成为刚柔兼蓄、绝佳盆景珍品。

(4) 上盆过程

选盆：罗汉松一般宜用紫砂陶盆，也可用釉陶盆。盆的形状与五针松用盆要求基本相同，但较之稍深。

用土：罗汉松要求肥沃湿润、质地疏松、排水良好的微酸性沙质壤土。盆栽常用山土或腐殖土掺沙使用。

栽种：以春季3—4月发芽之前为宜，从地上挖起的罗汉松苗木宜带宿土，并注意将枯根剪去，将须根舒展开来，栽时要防止盆土与根系不贴实。栽种在盆中的位置要求也与五针松大致相同。

(5) 整姿技术

加工：罗汉松盆景的造型以蟠扎为主，也结合适当修剪。蟠扎加工在休眠期为宜，多采用棕丝扎，讲究扎法，做到棕不露面，力求姿态自然，主干盘曲，枝条虬屈。枝叶则用修剪法做成层片式。罗汉松很耐修剪，特别是雀舌罗汉松，枝密叶小，可加工成各种形式。现今为了蟠扎方便起见，枝条做弯，也常采用金属丝旋绕加工。蟠扎成型后，应及时拆除棕丝或金属丝，以免陷丝。在罗汉松加工造型过程中，还可通过翻盆逐年提根，做到悬根露爪的姿态。此外，还可附以山石，塑造鹰爪抱石的姿态。

树形：罗汉松可塑性大，可制作多种树形，常见的有直干式、曲干式、斜干式、卧干式、悬崖式、提根式、附石式等。通过扎剪，可做成层片式或半球式，姿态秀雅，苍古矫健。

151. 怎样制作南方红豆杉盆景?

南方红豆杉（*Taxus chinensis* var. *mairei* Cheng et L. K）为红豆杉科红豆杉属常绿乔木。

(1) 形态特征

南方红豆杉的树皮淡灰色，纵裂成长条薄片；芽鳞顶端钝或稍尖，脱落或部分宿存于小枝基部。叶2列，近镰刀形，长1.5～4.5cm，背面中脉带上无乳头角质突起，或有时有零星分布，或与气孔带邻近的中脉两边有1至数条乳头状角质突起，颜色与气孔带不同，淡绿色，边带宽而明显。种子倒卵圆形或柱状长卵形，长 7～8mm，通常上部较宽，生于红色肉质杯状假种皮中。

(2) 生态习性

南方红豆杉是中国亚热带至暖温带特有树种之一，在阔叶林中常有分布。耐阴，喜温暖湿润的气候，通常生长于山脚腹地较为潮湿处。自然生长在海拔 1000m 或 1500m 以下的山谷、溪边、缓坡腐殖质丰富的酸性土壤中，要求肥力较高的黄壤、黄棕壤，在中性土、钙质土上也能生长。耐干旱瘠薄，不耐低洼积水。对气候适应力较强，年均温 11～16℃，最低极值可达－11℃。

(3) 取材与培育措施

选那些长势良好、姿态优美的健康南方红豆杉植株，可以选择一些株高为 20cm 的进行采掘。采掘工作一般在春季进行，因为春季的南方红豆杉还没有萌发，采掘后移植的成功率高。在用铁锹采掘南方红豆杉植株时要保持主根的完整，避免损伤到主根，在采掘后要清理南方红豆杉多余的根部附土，避开南方红豆杉的根须，掌握好土壤的清理度，在南方红豆杉主根附近的土壤要尽可能多地保留。

(4) 上盆过程

选盆：南方红豆杉喜疏松、排水性良好的栽培环境，因此紫砂盆是较好的选择。宜选稍大点的花盆，盆下部多打几个孔，以增强花盆的渗水性和透气性。

用土：盆土要求疏松、富含腐殖质、肥沃、保水、保肥、透气性好，呈微酸性，以壤土最好。主要有菜园土与残枝败叶和动物粪便堆置发酵制成的营养土，或草炭土、珍珠岩与壤土配成的混合基质等。

栽种：一般选择 3 年生健康红豆杉，3 月中旬采苗上盆（玻璃房内全年均可上盆）。用瓦片将盆底覆盖，上面倒入培养土，厚度约为 3～5cm。上盆时注意保持主干的直立，若主干倾斜则会完全破坏南方红豆杉清秀挺拔的造型，对盆景的整体效果产生不利影响。在向根部与盆壁之间添加培养土时，一边放土，一边用细竹竿将培养土与根部压紧。刚上盆时将培养土添加至与盆口平齐，保持主干直立，这对促进生长有一定的作用。但到观赏时则应使盆土与盆口保持 3～5cm 的距离，这样才能达到最佳观赏效果。上盆后土壤湿度保持在 50%～60%，并每隔 3～5 天对叶面喷雾。在华中地区，4 月初至 10 月底为南方红豆杉的生长期（室内盆景一年四季

几乎均能生长），此期间在室外摆放的南方红豆杉每15～20天浇1次水，在室内的每20～25天浇1次水。

上盆后的前10天避免阳光直射，以后每天阳光不强烈的时候晒2～3小时，日晒量每日适量增加；至20天后，应保证每天日晒7小时左右。上盆后30天内不施肥，30天后，将少许氮肥溶于水，以水溶液浇施于南方红豆杉，在正常情况下，每隔20～30天少量施1次肥。南方红豆杉完全恢复长势后方可进行修剪。一般要待上盆60天后才能将盆景移到室内养护。

(5) 整姿技术

盆景下部枝干生长过密，会出现干枯黄叶脱落，可将下部过密的枝干修剪掉一部分。修剪过程中可任意造型，可以成伞形、塔形、圆形等。新购的4年生以下的南方红豆杉盆景，从种植基地移栽到花盆中时会伤害一部分根系，从而使根和枝叶间的养分供给失衡，在盆土保持湿润的情况下，叶片仍会出现卷曲干枯；可以通过修剪减少枝叶对养分的消耗，恢复根系生长。为了保持南方红豆杉冠幅优美，可以适度摘除顶芽和部分侧芽。

152. 怎样制作梅桩盆景?

梅（*Prunus mume* Sieb.）为蔷薇科梅属落叶小乔木，是重要的盆景良材。

(1) 形态特征

梅是传统的盆景材料。以老根桩制成的盆景，树姿古雅，疏枝横斜，虬曲多姿，早春吐蕾放花，幽香宜人，具有形态美、色彩美和风韵美，色、香均佳，如配以紫砂古盆，别具风韵。

(2) 生态习性

喜阳光、温暖、湿润气候，有一定的耐寒力，耐瘠薄，怕涝，喜疏松肥沃沙壤土。

(3) 取材与培育措施

嫁接繁殖可采用枝接与芽接两种方法，枝接于秋季落叶后到春季萌芽前进行，砧木用梅的实生苗或李、杏、桃的实生苗。桃砧易成活、生长快，但寿命短、观赏性差，最好不用。接穗选用优良品种健壮枝条，切接

或劈接均可。芽接于 7—8 月份进行，用“嵌芽接”或“T”形芽接。此外，少量繁殖可用靠接法、压条法。挖掘姿态优美的野生梅桩，或选用姿态优美的杏桩、李桩等作砧木，进行硬枝嫁接，利于迅速培养成形。

嫁接繁殖的小苗要在露地培养 2～3 年，以促进苗木迅速生长，到苗高 25～35cm 时，进行弯曲造型。一般可造成“S”形，或将主干打结，或将主干绕成圆圈，日久便形成疙瘩。同时，在露地要做好幼苗整形工作。

(4) 上盆过程

于秋季落叶后到春季萌芽前进行。配制疏松肥沃、排水良好、保水保肥的培养土，施足基肥。选用紫砂陶盆或釉陶盆，一般不宜太浅，斜干式、曲干式多用中深的长方形盆、圆形盆、方形盆和多边形盆等；悬崖式则多用深筒盆。上盆前进行一次整形修剪。

(5) 整姿技术

主干常制成斜干式、曲干式、悬崖式、游龙式、临水式、附石式、劈干式、疙瘩式等多种造型。造型要求苍劲古雅、疏影横斜、悬根露爪、盘根错节、变化多姿，主干宜斜横，枝叶宜疏展，要疏中有密，疏密得当，富有诗情画意。在秋季落叶后进行整形蟠扎，多采取铁丝或棕丝蟠扎的方法，粗扎粗剪。

开花后，要对枝条进行一次重剪，将影响造型的交叉枝、徒长枝、过密枝、瘦弱枝、平行枝、重叠枝、对生枝剪去。保留枝条不宜过多，一般每株老桩选留 3～5 个较大侧枝即可，并对其短截，仅留枝条基部 2～3 个芽。萌芽后，新梢长到 15～20cm 时，要进行疏剪和摘心。

153. 怎样制作蜡梅盆景?

蜡梅（*Chimonanthus praecox*（Linn.）Link）为蜡梅科蜡梅属落叶灌木，又称金梅、蜡花、黄梅花。

(1) 形态特征

蜡梅常丛生。叶对生，椭圆状卵形至卵状披针形，花着生于第二年生枝条叶腋内，先花后叶，芳香，直径 2～4cm；花被片圆形、长圆形、倒卵形、椭圆形或匙形，无毛，花丝比花药长或等长，花药内弯，无毛，花柱长达子房 3 倍，基部被毛。果托近木质化，口部收缩，并具有钻状披针

形的被毛附生物。冬末先叶开花。

(2) 生态习性

蜡梅原产我国中部，性喜阳光，能耐阴、耐寒、耐旱，忌渍水。怕风，在不低于－15℃时能安全越冬，北京以南地区可露地栽培，花期遇－10℃低温，花朵受冻害。好生于土层深厚、肥沃、疏松、排水良好的微酸性沙质壤土上，在盐碱地上生长不良。耐旱性较强，怕涝，故不宜在低洼地栽培。

(3) 取材与培育措施

人工繁殖：蜡梅繁殖一般以嫁接为主，分株、播种、扦插、压条也可。嫁接以切接为主，也可采用靠接和芽接。分株繁殖多在蜡梅花后休眠期进行，选择有细根又距地面较近的分枝，先把周围土挖去，用快刀或细锯将分株从母枝上割下，要带有部分木质。分后的小株应及时栽种，注意庇荫和保持盆土湿润，易成活。

山野采掘：采用山地野生蜡梅老根桩下地培育，制成蜡梅古桩，较为普遍，收效亦快。选取多年砍伐萌生的老树桩，掘回后，注意保护根系，修剪枝条。选择光照适中、土壤疏松、排水良好的地方进行“养坯”，成活后移至盆内培育。如是狗蝇梅老桩，则可选素心蜡梅进行嫁接，成活后即可按需加工造型。

(4) 上盆过程

选盆：蜡梅宜用紫砂陶盆，也可用釉陶盆。一般实生苗蜡梅多用圆盆、方盆、六角盆等，蜡梅老桩可用中深的马槽盆或海棠盆，悬崖式多选用签筒盆。色泽以深紫色或赭红色较好，以映衬蜡黄色花朵，增加其观赏效果。

用土：蜡梅对土壤要求不严，但以排水良好的沙壤土为好。盆栽常用腐熟的田园土或腐叶土掺拌 20％～30％砻糠灰作培养土。

栽种：移栽蜡梅多在早春进行，以 3 月上旬花茎新芽萌发前后为宜。一般宜斜栽，便于造型时取势。栽前可进行一次整形修剪。上盆时盆底可施足基肥。

(5) 整姿技术

加工：蜡梅的造型整姿以修剪和摘芽为主，蟠扎为辅。河南鄢陵县西姚家村素有“鄢陵蜡梅冠天下”之称。其传统造型艺术有“屏扇梅”“疙瘩梅”“悬枝梅”等，尤以屏扇梅最受欢迎，其造型时间宜在 3—4 月，用

“滚刀法”和“龙刀法”使主枝扭曲螺旋上升，在芽刚萌动时于待弯处斜切一刀，刀口斜入，深度达枝干直径的2/3。小心弯折，使裂开的木质部上段支在下段上，用立杆扶住新做弯的主干，用绳缚好。再把各枝条顶梢全部造成向下。切口在1个月内要涂泥，并保持不掉，随掉随补。基本骨架形成以后要注意修剪，及时摘心，以维持屏扇造型。

树形：蜡梅与梅花虽不属同科，但花期相近，花朵、香气亦相似。蜡梅色娇香郁，不减红梅，故可借鉴梅花的造型原则：“梅以曲为美，直则无姿；以欹为美，正则无景；以疏为美，密则无态”，“梅贵稀不贵繁；贵老不贵嫩；贵瘦不贵肥；贵合不贵开”等。故主干宜斜横，枝叶宜疏展，桩老显遒劲。传统造型除河南鄢陵的“屏扇式”“疙瘩式”“悬枝式”外，还有“顺风式”“垂枝式”“游龙式”等，现在造型，树形大都以斜干式、自然式为主。

154. 怎样制作杜鹃盆景?

杜鹃为杜鹃花科杜鹃属落叶或半常绿灌木。

(1) 形态特征

杜鹃分枝多而较细，密被黄褐色平伏硬毛；单叶互生，常集生枝端；叶卵状椭圆形或倒卵形，两面均有硬毛；3—5月开玫瑰色红花，花冠漏斗状，2～6朵簇生枝顶，盛花时，满树红花，灿烂似锦。

(2) 生态习性

杜鹃喜酸性、疏松、肥沃的土壤，忌碱性土壤；怕积水，喜半阴，忌烈日暴晒；喜温暖湿润气候，较耐寒。

(3) 取材与培育措施

人工繁殖：可用播种、扦插、嫁接、分蘖等法繁殖。一般以扦插为主，手续简便，开花亦速。扦插时间以梅雨季节为好。插穗采用当年生枝条，新芽形成后，于基部剪断扦插，最易成活。如用隔年老枝作为插穗，则较难生根。杜鹃扦插，苗床土应采用酸性的山泥或晒干、风化的塘泥土、腐叶土，也可以在木箱中放置干净的山泥进行扦插。

山野采掘：每年3月采挖最为适宜。树桩应带土球，多保存细根、须根，剪短粗根，剪除过多过长的枝条，并及时上盆养护。土球可用塑料薄膜包扎，以防树桩脱水。

（4）上盆过程

选盆：杜鹃一般采用稍深的椭圆形、长方形或圆形的盆，质地以紫砂陶或釉陶均可。盆的色彩宜深暗些，与花色形成对比，盆上最好不要有花饰。悬崖式杜鹃可用深签筒盆；露根式杜鹃可用稍浅的椭圆形盆。

用土：杜鹃宜用肥沃而疏松的腐叶土或松林中的山土。盆栽也常用晒干、冻松的塘泥土或稻田土，掺拌适量沙土。

栽种：可在初春时上盆栽种，或在落花后栽种。如系挖掘山地野生树桩，因根具菌根，需带原土栽种。栽时可将直根剪短，盆底放置鸡粪或豆饼作基肥。枝叶亦酌量修剪。

（5）整姿技术

加工：杜鹃苗木上盆后，一般3～4年即可开始加工。杜鹃枝条较脆，不宜过度蟠扎，仅将主干主枝做适当造型，用棕丝蟠扎较好。其他枝条均采取修剪造型。修剪时须注意调整强弱枝，强枝重剪，弱枝轻剪。蟠扎一般在春季进行，生长期枝干较疏软，易于蟠扎。

树形：杜鹃的树形常见的有直干式、曲干式、斜干式，也可加工成露根式、悬崖式、附石式、连根式等。通过艺术造型，以达到观花、赏干、看根、论形四者兼备的优美盆景。

155. 怎样制作丛林式盆景？

（1）选树

在丛林式盆景中，并不要求每一株树木都很优美，而在于姿态自然，风格统一。有些树木单株欣赏并不美观，甚至还有明显缺陷，但经过组合，却能扬长避短，表现极佳的观赏效果。所选的树木最好是经过盆栽培养的植株，这样的树木根系好，植入新的观赏盆容易成活。树木应有大有小，有高有矮，有粗有细，才便于设计出理想的构图。

（2）选盆

丛林式盆景常选用浅的长方形盆、腰圆盆、椭圆形盆等，有助于反映景观的广阔和深远。盆的底部一般都有排水孔，但极浅的盆可以例外。盆的质地、颜色应与盆景树种相和谐。常用的盆有石盆、釉陶盆、紫砂盆等。

（3）整形

将选好的树木从盆中脱出，用竹签细心剔除部分泥土，使其根系全部

进入新的观赏盆。遇到妨碍拼配栽植的根系，在不影响成活的情况下，可适当修剪；而妨碍栽植但又不宜剪除的，可用棕丝或金属丝蟠扎弯曲后，再植入盆中。

(4) 布局

树木的布局是丛林式盆景成败的关键。将经过剔土处理的若干树木在盆中试做布局，通过观察、推敲，调整树木的位置，做到有主有次，有疏有密，有高有低；树与树之间争让有度，互有照应，形成优美的布局。

(5) 修剪

布局确定之后，应根据构图要求，对各株树木逐一进行修剪整理。剪去影响整体效果的枝条、重叠的枝条、过密的枝条和过多的叶片等，删繁就简，以达到画面清晰、节奏鲜明的艺术效果。

(6) 栽植

栽植前，先用塑料网片或薄瓦片垫好盆底排水孔，然后铺上一层土，依照试放时确定的位置放上树木，尽量使根系舒展分布。接着培土填实，将树木栽稳，土面可做出一些起伏，更显得自然。

(7) 点缀

丛林式盆景中常常点缀山石，以增添山林野趣，同时也使画面更为生动。选用的石种与形状要与盆内树木的气韵相通，使意境更为深邃。

(8) 布苔

点缀山石之后，还需要在土面布上青苔。碧绿的青苔犹如绿茵茵的草地，能使景色增添生机。树木与石头之间有青苔过渡，则显得更加自然、和谐。

(9) 安放配件

为了丰富意境，突出主题，有时需要在盆景中安放人物、动物、屋宇等配件。配件的大小要符合比例，安放的位置要相宜。

(10) 浇水

新完成的盆景要用细喷壶连树带盆进行喷淋，直至盆土完全吃透水。这样做，可以让新栽树木的根系与土壤紧密结合，有利于成活，同时也对整个盆景进行了清洗。

156. 怎样制作象形式盆景?

在树木盆景中，象形式盆景用植物模仿古今人物、大自然中的各种动

物以及传说中的神仙、龙、凤、麒麟等形象，奇特而有趣，有的将枝冠绑扎，修剪成某种动物的形式，有的将根干缩剪蓄养成某种物体的形式，是一种深受人们喜爱的盆景形式。

象形式盆景制作要点为：一是不可追求全像，似像非像，意到则可，切不可雕根、刻鼻，画蛇添足；二是处理好根干的形与树冠的关系，以表现形为主，树冠为形服务，不可喧宾夺主，或根、干、冠三者结合表现某种形；三是形体要完整，不可过于琐碎、松散。

(1) 选树

象形式盆景的树材主要来源于山野采挖，也可人工培养，但人工培养时间较长，一盆好的象形树木盆景往往要花几十年或几代人培养才能完成。

适合制作此类盆景的树种很多，如不同品种的松树、柏树以及榕树、枸杞、黄荆、迎春花、六月雪等杂木树种都可以使用。

(2) 整形

制作象形式盆景时应根据树种、桩材的不同进行造型，使之形神兼备，既不能太像，否则有媚俗之感，也不能不像，以免有欺世之嫌，最好能在“似与不似”之间，以植物的形态塑造出各种不同动物、人物的神态，使之具有天然情趣，达到“既源于自然，又高于自然”的艺术效果。还可将树桩上的疤痕、朽洞、凸起等制作成动物、人物的眼睛、嘴巴、鼻子，但不要刻意去追求这种效果，更不能用颜料画出动物或人物的嘴巴、眼睛等部位，否则会使作品显得做作，缺乏灵气。树冠的处理也要独具匠心，使其成为“人物”或“动物”的一部分，切不可游离于主题之外。

在制作象形式盆景时，对于生长速度较快的刺柏、六月雪等树种，可用幼树以蟠扎、修剪的方法使之成型。但对于大多数树种，特别是杂木类树种，则要选取形状合适的树桩，去掉多余的枝干、根，经“养坯”成活后，再用修剪、蟠扎、牵拉等方法对枝条进行造型，使之显现出动物的形态。此外，还可两种方法结合使用。

157. 怎样制作水旱式盆景?

水旱式盆景的制作程序主要包括总体构思、加工树材、加工石料、试作布局、胶合石头、栽种树木、处理地形、安置配件、铺种苔藓、最后整理等。

(1) 总体构思

在动手制作水旱盆景之前，应对作品所表现的主题、题材及如何布局和表现手法等先有一个总体的构思，也就是中国画论中所说的“立意”。构思以自然景观为依据，以中国山水画为参考。

构思贯穿于选材、加工和布局的整个过程中，并常常会在这个过程中有一定程度的修改。

在构思时，最好先将初步选好的素材，包括树木、石头、盆和配件等放在一起，然后静下心来，认真审视，寻找感觉。在有了初步的方案以后，再开始加工素材。

(2) 加工树材

树木是水旱盆景的主体，加工素材时一般先加工树木材料。水旱盆景所用的树木材料均须在培养盆中，经过一定时间的培育、整姿，达到初步成型，方可应用。在制作水旱盆景时，还须根据总体构思，对素材做进一步的加工。

首先要审视其总体形状以及根、干、枝各个局部的结构等。要从各个不同方向、不同角度来审视，还须看清根部的结构和走向。经过反复审视后，如果找出了树木的精华与缺陷，就可以考虑如何扬长避短，突出精华，弥补缺陷。

树木正面的确定十分重要。一般来说，从正面看，主干不宜向前挺，露根和主枝均应向两侧伸展较长，向前后伸展较短。主干的正前方既不可有长枝伸出，也不宜完全裸露。主枝要避免对生和平行，并宜从主干的凸起处伸出，而不宜从弯内伸出。这些最基本的要求必须注意。

树木栽种的角度也十分重要。在树木的正面确定以后，如果角度不够理想，还须再做调整。可将主干向前后左右改变角度，直至达到理想的效果。有时角度稍做变动，整株树的精神状态就会大为改观，甚至会带来意想不到的好效果。

在树木的正面和角度都确定以后，便可进一步考虑主枝的长与短、疏与密、聚与散、藏与露、刚与柔、动势与均衡等问题，接着可调整内部结构和整体造型。

整姿宜采用蟠扎与修剪相结合。整姿方法与树木盆景基本相同，这里进行一些简要介绍。

①蟠扎：指用金属丝蟠扎树木枝干进行造型的一种技法，其优点在于

能比较自由地调整枝干的方向与曲直，它多用于松柏类树种。

蟠扎一般采用铝丝或铜丝。根据所蟠扎的枝干的粗度和硬度，选择适宜粗度的金属丝。铜丝在使用前宜先用火烧至发红，然后慢慢冷却。这样用起来柔软，不易伤到树皮，而经过弯曲后又会变硬，有利于固定枝条，但蟠扎需要熟练的技巧，不宜多改变。铝丝一般较柔软，且无软硬变化，初学者用起来比较容易。

蟠扎的顺序一般是先主后次，先下后上。缠绕时注意金属丝与枝干保持大约45°角。注意边扭旋边配合拇指制造弯曲。弯曲时用力不可太猛，以防折断枝干或损伤树皮。弯曲点的外圈必须要有金属线经过，才不易断裂。

由根部缠在主干上的金属线必须插入盆土中，使之固定。第一圈要与主干固定好再往上部缠绕，最后一圈也要固定好。丝尾角度略往逆向下移。

金属丝可按照顺时针方向缠绕，也可按照逆时针方向缠绕，按照扭旋的方向而定。金属丝与枝干之间不可过紧或过松。缠绕同一枝干上的多根枝条时，枝与枝间须采用间隔缠绕法，如第一枝接第三枝，第二枝接第四枝，依此类推。金属线必须在干上缠绕一圈以上，否则枝条之间会相互牵动，不易定型。同一枝干需用两条以上金属线缠绕时，必须平行并排列整齐，避免重叠。

蟠扎前，最好对盆土适当扣水，使树木枝条柔软，便于弯曲。拆线的时间因树种及生长发育状况而异。在生长期要经常观察，当金属线快要陷入树皮时，应及时拆除，以免陷丝，影响美观。拆线时须细心，防止伤及树皮，最好用金属丝钳剪除。

②修剪：指通过修剪树木枝干，去除多余部分，以达到树形美观的一种造型方法。修剪法的长处在于能使树木枝干苍劲、自然，结构趋于合理，它多用于杂木类树种。

修剪时，首先应处理树木的平行枝、交叉枝、重叠枝、对生枝、轮生枝等影响美观的枝条，有些剪掉，有些剪短，有些通过蟠扎进行改造。

对于需要缩剪的长枝，待其培养到粗度适合时，方可进行强剪，使生出侧枝，即第二节枝，一般保留两根，再进行培养。待第二节枝长到粗度适合时，再加剪截，依次第三、第四节都如此施行。每一节枝大多保留两根，成“Y”形，一长一短。有时只保留一根，以调整疏密关系或避免发生交叉。

在多株树木合栽时，常常须剪去树木下部的枝条，以符合自然。为了避免交叉重叠，达到整体的协调，有时还须剪去其中一些树木的大枝。这时应以全局为重，该剪则剪。即使是孤植的树木，有时也须根据整体布局的需要，剪去树木的某些大枝。

水旱盆景的盆很浅，同时栽种树木的地方往往很小，形状也不规则，故栽种树木之前，还须将其根部做一些整理。一般先剔除部分旧土，再剪短向下直生的粗根及过长的盘根。剔土与剪根的多少，最好根据盆中旱地部分的形态及大小而定。在树木位置尚未确定前，可先少剔和少剪，待确定后再进一步修剪到位。

(3) 加工石料

水旱盆景用的石料必须经过一定的加工，才可进行布局。石料的加工方法主要有切截法、雕琢法、打磨法、拼接法等，根据不同的石种和造型去选择。

切截法：指切除石料的多余部分，保留需要的部分，用作坡岸和水中的点石，使之与盆面结合平整、自然。有时将一块大石料分成数块。用作旱地的点石通常不一定需要切截，但如果体量太大，也可切除不需要的部分。

对于硬质石料，在切截之前，应仔细、反复审视，以决定截取的最佳方案；对于松质石料，一般先雕琢加工，再行切截。

雕琢法：指通过人工雕琢，将形状不太理想的石料，加工成比较理想的形状。这种方法主要用于松质石料，有时也用于某些硬质石料，如斧劈石、石笋石等。雕琢以特制的尖头锤或钢錾为工具，方法与山水盆景基本相同。

雕琢法虽为人工，但须认真观察自然景物，参考中国山水画中的石形及皴纹，力求符合自然。同一作品中的石头应既有变化又风格一致。

打磨法：指用金刚砂轮片或水砂纸等，对石料表面进行打磨，以减少人工痕迹，去除棱角，或解决某些石料表面的残缺。打磨法只是一种补救的方法，不可滥用。对于自然形态较好的硬质石料，尽量不用打磨法，以保留其天然神韵。

打磨时，可先粗磨，后细磨。粗磨用砂粒较粗的砂轮片，细磨宜用水砂纸带水磨。

拼接法：指将两块或多块石头组合、拼接成一个整体，在水旱盆景中经常使用。坡岸一般均通过多块石料组合、拼接构成，有时点石也采用拼接法，以求得到理想的形态或适合的体量。

组合、拼接石头最重要的是具有整体感。首先必须精心选择色泽相同、皴纹相近的石料，然后认真确定接合的部位，不仅要使相接处吻合，更要使气势连贯，最后再用水泥细心地进行胶合。

组合、拼接在一起的石头，既要色泽、皴纹协调，又要有体量、形状的变化，须达到多样统一。

(4) 试作布局

水旱盆景的造型常见的有水畔式、岛屿式、溪涧式、江湖式、综合式等式样。

在加工完毕后，可将全部材料，包括树木、石头、配件及盆等，都放在一起，反复地审视，然后将材料试放进盆中，看看各部分的位置和比例关系，有时也可以画一张草图，这就是试作布局。

试作布局时，要先放主树，然后放配树，再放石头、配件等。布局必须十分认真，常常要经过反复的调整，对其中的某些材料，可能要进行一些加工，以至更换，才能达到理想的效果。

①树木的布局

按照总体构思，在盆中先确定树木的位置。在布置树木时，也须考虑到山石与水面的位置。树木位置大体确定时，可先放进一些土，然后再放置石头，树石的放置也可穿插进行。

多样又统一是布局的基本原则。一两株树的布局相对比较简单，一般放置于盆的一侧即可。两株树多靠在一起，一主一次，一高一低，一直一斜，既统一又变化。多株树的布局则复杂得多。但无论有多少株树，都可以从三株开始。这三株树就是主树、副树和衬树。主树必须最高、最粗，副树相对于主树较矮、较瘦，衬树则最矮，也最瘦。

主树的位置从盆的正面看，不可在盆中央，也不可在盆边缘，而宜放在盆的左边或右边约 1/3 处；从盆的侧面看，则宜在盆中间稍偏前或稍偏后处。副树的位置通常在盆的另一边 1/3 处，衬树则宜靠近主树，但不可并立。这是最基本的布局，但并不是绝对的，也可以在此基础上进行一定范围的变化，但三株树的栽植点连接后必须是不等边三角形，同时整体树冠也应呈不等边三角形。

至于更多株树木的合栽，可以三株树为基础，逐步增加。如以五株合栽，可分别在主树和副树的附近各加一株；以七株合栽，可在五株的基础上，分别在主树和衬树附近各加一株。其余则照此类推。

上述做法实际上就是将原来的三株树变成了三组树，而基本的原则不变，即栽植点之间的连线要尽量成一个或多个不等边三角形；三株以上的树尽量不要栽在一条直线上，特别是不可与盆边（指方盆）平行而立；栽植点之间的距离不可相等，要疏密有致，呈现出一种节奏和韵律；整体树冠最好呈一个或多个不等边三角形，但轮廓线不要太平直，应有波浪形起伏。

在中国传统绘画中，对于树木的组合有许多经典之作，都可以作为丛林式盆景的借鉴。

②石头的布局

配置石头时，先做坡岸，以分开水面与旱地，然后做旱地点石，最后做水面点石。

水岸线的处理十分重要，既要曲折多变，又不宜从正面见到的太长。

石头的布局须注意透视处理。从总体看，一般近处较高，远处较低，但也须有高低起伏以及大块面与小块面的搭配，才能显出自然与生动。

旱地点石对地形处理起到重要作用，有时还可以弥补某些树木的根部缺陷，要做到与坡岸相呼应，与树木相衬托，与土面结合自然；水面点石可使得水面增加变化，要注意大小相间，聚散得当。

试作布局时，最好将准备安放的配件初步确定位置和方向，对于不恰当者可更换或取消。安放配件应注意位置的合理性、与其他景物的比例以及近大远小的透视原则。

(5) 胶合石头

在布局确定以后，接着可胶合石头，即用水泥将做坡岸的石块及水中的点石固定在盆中。

胶合之前，先用铅笔将石头的位置在盆面上做记号，注意将水岸线的位置尽量精确地画在盆面上，有些石块还可以编上号码，以免在胶合石头时搞错。

水泥宜选凝固速度较快的一种，宜现调现用。在用量较大时，不妨分几次调和。

为使水泥与石头协调，可在水泥中放进水溶性颜料，将水泥的颜色调

配成与石头接近。

胶合石头之前，可将做坡岸的石头进行最后一次精加工，包括整平底部，磨光破损面，以及使拼接处更加吻合，然后洗刷干净并揩干。做好上述工作后，再将每块石头的底部抹满水泥，胶合在盆中原先定好的位置上。

胶合石头须紧密，不仅要将石头与盆面结合好，还要将石头之间结合好，做到既不漏水，又无多余的水泥外露。可用毛笔或小刷子蘸水刷净沾在石头外面的水泥。

为了防止水面与旱地之间漏水，在做坡岸的石头全部胶合好以后，再仔细地检查一遍，如发现漏洞，应立即补上，以免水漏进旱地，影响植物的生长，同时也影响水面的观赏效果。如采用松质石料做坡岸，可在近土的一面抹满厚厚的一层水泥，以免水渗透。

(6) 栽种树木

在布局时，树木是临时放在盆中的，一般并不符合种植的要求。在完成石头胶合，水泥干了后，须将树木认真地栽种在盆中。栽种树木时，先将树木的根部再仔细地整理一次，使之适合栽种的位置，并使每株树之间的距离符合布局要求。

在盆面上栽树的位置先铺上一层土（排水孔上须垫纱网），再放上树木。注意保持原先定好的位置与高度。如果高度不够，可在根的下面多垫一些土，反之则再剪短向下的根。

位置定准后，即将土填入空隙处，一边填土，一边用手或竹签将土与根贴实，直至将根埋进土中，注意不要让土超出旱地的范围，最好略小一点，以便于胶合山石。待山石胶合完毕，还可以填土。树木栽种完毕，可用喷雾器在土表面喷水（不需喷透），以固定表层土。

(7) 处理地形

在水旱盆景中，地形处理对于整体的造型起到重要的作用。待石头胶合完毕，便可在旱地部分继续填土，使坡岸石与土面浑然一体，并通过堆土和点石做出有起有伏的地形。点石下部不可悬出土面，应埋在土中，做到“有根”。要做好盆景中的点石，平时宜多观察自然界的“点石”。

处理好地形以后，在土表面撒上一层细碎“装饰土”，以利于铺种苔藓和小草。

(8) 安放配件

配件的安放要合乎情理。安放舟楫和拱桥一类的配件，可直接固定在

盆面上；安放石板桥一类的配件，多搭在两边的坡岸上；安放亭、台、房屋、人物、动物类配件，宜固定在石坡或旱地部分的点石上；有时在旱地部分埋进平板状石块，用以固定配件。

固定配件一般可胶合在石头或盆面上。对于舟、桥一类的配件，可不与盆面胶合，仅在供观赏时放在盆面上。

(9) 铺种苔藓

苔藓是水旱盆景中不可缺少的一个部分，它可以保持水土、丰富色彩，将树、石、土三者联结为一体，还可以表现草地或灌木丛。

苔藓有很多种类。在一件作品中，最好以一种苔藓为主，再配以其他种类，既有统一，又有变化。

苔藓多生在阴湿处，可用小铲挖取。在铺种前必须去杂，细心地将杂草连根去除。

铺种苔藓时，先用喷雾器将土面喷湿，再将苔藓撕成小块，细心地铺上去。最好在每小块苔藓之间留下一点间距，不要全部铺满，更不可重叠。苔藓与石头结合处宜呈交错状，而不宜呈直线。全部铺种完毕后，可用喷雾器再次喷水，同时用专用工具或手轻轻地压几下，使苔藓与土面结合紧密，与盆边结合干净利落。

在铺种苔藓时，还可以栽种一些小花小草，以增添自然气息。

(10) 最后整理

上述各项工作全部完成以后，可对作品进行最后整理。首先看一下总体效果，检查有无疏漏之处，如发现则做一些弥补。然后将树木做一次全面、细致的修剪和调整，尽可能处理好树与树、树与石之间的关系。最后将树木枝干、石头及盆全部洗刷干净，并全面喷一次雾水。待水泥全部干透，再将旱地部分喷透水，并可将盆中的水面部分贮满水。这样一件水旱盆景作品便初步完成。经过1～2年养护管理，作品会更加完善和自然。

158. 怎样制作砂积石盆景?

砂积石是由泥沙与碳酸钙组成的，质地不均匀，有泥沙处较疏松，含碳酸钙处较坚硬，易锯截雕琢。吸水性、持水性强，利于植物的生长发育。缺点是易风化，特别是结构疏松，没有管孔构造，呈砂性疏松凝聚者

更易破碎。

(1) 选料

砂积石中孔隙细密、质硬者可作中、小型盆景，表现平远、深远山水为好，可作为细腻型的刻画材料，也能雕琢玲珑剔透的造型。孔隙大、有夹心的砂积石可选作奇峰怪岩的造型，利用它本身的天然孔穴，除去疏松部位而加工成奇特狂怪的造型。

挑选石料前先要有一个设想，创作什么形态，然后去选择适宜此种造型的材料。也可根据石料本身具备的管穴及粗犷形态再来设想加工，决不能盲目行事、劳神伤材。

(2) 加工

当石料展现在眼前时要沉思细想，从各个不同角度去分析研究，根据山石原始形态及本人设想要求，首先决定上下及正背，然后考虑高度、角度，再次考虑能利用的部分及加工步骤、实施技法的可行性。有的山石材料已有一定的形态，对这种材料应该考虑如何利用它的优势，加以发挥引用，使其更为成熟。

①锯截及加工底部

锯截是一项重要工序，为以后打下良好的基础。在锯截底面时，要保证重心平稳，底面平整。当山石处于平稳站立时，才能精心设计、冷静统观全局，在加工中才会及时发现问题并解决问题，不然会影响情绪、干扰思路。

锯截的重心要前倾与底面成一定角度，这是捕捉神态的一个重要方面，要有“惊险奇特”之感。砂积石可用园艺修枝锯锯开，体积小的石料可一次顺向锯下，体积大的石料当手锯下切到一定深度不能充分发挥作用时，可转动石身一定角度依原锯缝做依托继续下切，如此反复直至断开。缺点是锯面不易平整，得用平口凿加工整平，决不能翘棱摇动。

②外廓形态的粗加工

加工前先将杂物进一步清除，露出内在硬结构部分，再认真研究存留情况大胆加工。

外轮廓的加工是一个重要方面，它为下一步细加工打下基础，因此下手要胆大心细，一步之差就会影响大局，有时虽断裂得巧妙，另有一番画意，但这不是技术，而是靠侥幸，还得步步仔细认真。轮廓中先要加工出主次、前后，再逐步考虑对比、虚实等各种变化。造型宜瘦，忌臃肿，这

是近景造型中需要注意的方面。粗加工中就要设计出种植穴的分布。

造型的依据主要靠自己的设想，另外参照石料本身的天然形态加以发挥改造，因此必须具备丰富的想象力，灵活变化在于匠心。

③细部加工

当外轮廓线从各个不同角度观察满意后，可逐步向细的方向去加工。实际上粗、细加工是同步进行的，轮廓加工会越来越细腻，细处加工是在完善轮廓造型。加工中什么地方实？什么地方虚？何处透了？何处漏了？何处险？何处缓？何处放？何处收了？何处怀抱曲折？何处道路坡脚了？何处种植点苔？何处设古刹人家？何处设渡口泊船？何处藏？何处露？在加工中要统筹兼顾。最后进行细部加工，考虑各个大小面线，洞穴凹槽是否机械生硬、对称做作，是否重复雷同，不要出现大块面、长线条的弊病。所加工的脉络要富于变化，有断有续、有宽有窄、有深有浅、有分有合、有疏有密，状如筋络树杈，劲健饱满。洞穴的变化要有藏有露，有大有小，有透有含，切忌雷同。细加工包括局部的夸张、加强，而不是强求全局的过分细腻，不然会失神。

④拼接胶合

造型中遇到体态不完整或有断裂破损处，可用拼接法来达到形态的完整统一。后弥补上去的材料应注意石质、颜色、纹理的一致及性格造型的统一。胶接缝用近似色水泥，即白水泥中加少量氧化铁黄、氧化铁红、墨汁等，水泥缝上再洒上与表面类似粗细的石屑，用指轻按即可。

上下断裂胶合后，如果吸水不畅、上下润干明显，青苔也不易长好。补救的方法是：将上下断口中央琢空，填以泥土、海绵等物，四周用水泥胶合，如果处理得法，水分可以从断口处渗透上去滋润石身，如整块一般。修补伤裂口的水泥不能玷污石身，要及时用笔洗刷，然后洒上石屑、贴补小碎石，做到天衣无缝。山石胶合待硬结后方可移动。要注意伤口的养护，经常喷雾促使水泥硬凝。

(3) 布局

砂积石的特点更适宜于奇峰怪石的造型。主峰在布局中首先要确定，常置于盆长的 1/3 或 2/3 处，可略偏前，配峰与主峰风格上要统一，大小为主峰 1/2 或 1/3。整个布局要疏密得当，切忌均匀安排。

(4) 点缀

砂积石吸水性、持水性强，利于植物的生长发育。一般可在砂积石的

恰当位置上凿出洞穴，栽植小型树木。也可在山石的孔隙处直接栽种垂盆草、虎耳草、石菖蒲、青苔等植物。

159. 怎样制作蜂窝石盆景?

（1）选料

相石是敲凿的基础，仔细观察石料的形状，以形制宜，先有一个初步的构思。这要求制作者胸有丘壑，平时要多观察好的山水盆景、山水画、风景照片等。有条件的最好能亲临名山大川，以丰富自己的创作素材。

（2）加工

敲凿是布局的关键，根据原定的构思，自上而下敲凿峰峦，并结合中国画的皴法，一般以斧劈、披麻、折带皴等使用较多，但要注意的是同一盆水石盆景只能用一种皴法，反之则不可。在敲凿过程中，因石质结构的差异，当石材断裂，与原来构思有矛盾时，也要因石制宜，随机应变。

（3）布局

要充分显示各种山形的特点：峭壁应耸拔，远景或开阔的山则轩豁，低山如箕踞，奇峰峻岭要有精神；山峦起伏则磅礴有气势，布局时山与山要相互呼应如朝揖顾盼。山顶浑厚如盖，山脚应有山石拥卫，曲折多变。上下，左右，前后，千怪万状，纵横放逸，其体无定，有虚有实，要有变化。师造自然，高于自然，绝不是照搬自然，要充分显示自然界中“千里之水不尽美，万里之山不尽秀”的诗情画意。

（4）点缀

软石吸水，有条件的可培养苔藓，方法是将青苔铲来，剪用上部，用泥糊稀，捣成糊状，刷在石上，置塑料袋中，放在阴处约一周，即能点点发绿（此法宜于春秋）。如无养护条件和急用，也可上色，方法是先用一笔蘸上墨汁，另一笔蘸上淡绿广告色，先将石在水中一浸，即提起，趁表面有水，快速将墨笔局部拖开，它即能随水渲染，再局部涂上淡绿色，将两色均匀拖开，呈苍色，好的可以乱真。

160. 怎样制作海母石盆景?

海母石也称海浮石，产于南方沿海，质地疏松，吸水性能好，宜雕

琢，适宜制作各种造型，尤适宜远景山水的描绘，也适用近景山水的特写。石体内白色，石体外易被自然染成灰白色。

制作中小型盆景多采用单块，大小、高矮适宜的石头进行加工，加工时要多利用天然的纹理、形状。先把石头的底部截平，按照立意进行精心雕琢，也可用钢锯条勾缝造纹。海母石纹理呈放射状，要注意天然纹理加工后与盆面垂直或斜向分布。若经加工雕琢后纹理不明显，注意山顶和山脚的加工，避免断裂，尽量少拼接，必要时拼接处表面过渡要吻合，然后用水泥黏合，以不露痕迹为好。

海母石经加工制成的上水盆景有独立式、偏重式、散置式。选盆宜采用深色或白色大理石浅盆，形状多为长方形或长椭圆形。

制作大型盆景多用拼接，并采用小型水泵抽水形成瀑布，或带水轮，又是一种风景。

海母石因含碱性，要把石头放在淡水中浸泡一段时间，溶解去石体内的盐分，方可栽树、种草、铺苔。

161. 怎样制作江浮石盆景?

江浮石是火山喷发的熔岩泡沫冷凝而成，因质轻能浮于水面而得名。江浮石呈灰白、灰黄、浅灰及灰黑等色。质地细密疏松，比重很轻，内多气孔。江浮石极易加工，能雕琢塑造各种山形和局部细小沟纹。因其吸水性能甚好，便于生长青苔和种植各种小植物，极富生气。缺点是日久易风化，且很少有大料，表现的题材有一定的局限。

江浮石一般多用来制作小型山水盆景，最适宜制作平远的山水盆景，来表现清雅秀丽的江南风光，也是制作悬崖式盆景的常用石料之一。主要产地为长白山天池、黑龙江嫩江、吉林延边、通化及各地火山口附近。

(1) 选料

江浮石的可塑性较大，极易加工造型，故选择盆景石料时，一般不需苛求外观形状，但要注意所用石料的色泽必须统一相近，以使制作的江浮石山水盆景具有一种整体上的自然和谐之美，而无人工拼凑组合的痕迹。

(2) 加工

江浮石盆景的加工与砂积石盆景的基本相同，重点在于雕琢。由于江浮石的气孔密度大，质地更比砂积石轻而疏松，有利于加工各种皴纹沟

理。根据立意与构思，先按需要把石料底部锯平。锯截可用钢锯进行，在需要下锯的部位画上线，依线施锯。如石面不平，不便画线，可将山石下部浸入水中，水的浸渍线即为锯截线，可以据此锯出平整的石底截面。小块石料从一个方向下锯，能一次锯平。如选用石料较大，因锯截面大，不能从一个方向上锯下，则须转动方向或在锯缝的对面继续锯截。如锯下石料的底部不够平整，可用粗砂轮加工磨平，也可在水泥板上磨平。在锯截主峰和次峰时，要选留锯下的一些低矮石块，用作山峰坡脚、石滩的点缀。

锯平后的石块在盆中排列组合，要按一定的布局要求，做成大小适中的山峰和坡脚雏形。先加工主峰，后加工次峰，再加工坡脚。待大致轮廓确定后，再进行山石表面细部沟纹加工。雕刻皴纹可参考中国山水画中的传统皴法，江浮石一般适合采用披麻皴、解索皴、荷叶皴、乱柴皴等皴法，配以各种点皴，如雨点皴、芝麻皴、钉头皴等。也可几种皴法交互使用。加工沟纹时可用尖头锤轻轻敲琢，细部纹理可用钢锯、条拉锯或用小刀雕琢，使之纹理细腻自然，山形嶙峋多姿，自然真实。

江浮石的胶合多采用水泥，胶合前先把石料上风化的碎屑冲洗干净，待晾干后，再在山石盆中铺上一层纸，以防江浮石底面与盆面相粘接，然后把石料放在纸上拼好，记下各石料位置，再逐个进行胶合。胶合时注意水泥尽量不外露，办法是将水泥主要抹在石峰背面，因江浮石很轻，背面及底部抹上水泥即可胶合，正面及两边都无须抹上水泥。待水泥干透后将纸去掉。江浮石盆景最好避免上下接合，否则由于上部吸不到水，山石颜色偏淡，而下部吸到水分，则颜色偏深，造成上下部石料色泽不一致，显示出人工拼接的痕迹。

(3) 布局

江浮石大块原料较为罕见，故高耸、深远的大型盆景甚少，一般都为平远式的中、小型盆景。常见的布局式样有远山式，由 2～3 组山石组成，山势多低矮，岗峦起伏，连绵不断，意境开阔；散置式，由 3 组以上山石组成，1 组为主，其余为次，有疏有密，错落有致。由于江浮石可以任意雕琢，故又可做成悬崖状峭壁危崖盆景，主峰形势险峻，石壁凌空陡峭，危不可攀，蔚为奇观。

江浮石盆景多选用长方形或椭圆形的凿石盆，盆沿宜浅，不宜过深，质地以汉白玉或大理石为好。如制作远山式则用盆宜较长一些，使整个盆

面显得宽阔、旷远；如制作高远、深远式则用椭圆形浅盆，更利于表现主题的意境。

（4）点缀

江浮石吸水性能好，加之质地疏松，极易加工凿洞，所以非常适宜栽种小植物。一般可在江浮石恰当的位置凿出洞穴，栽植小型树木。也可在江浮石的孔隙处直接栽种半支莲、垂盆草、虎耳草、石菖蒲、青苔等植物，极易成活。

江浮石盆景中的配件宜采用具有色彩的金属质或陶瓷质的装饰物，如帆舟、亭塔、小桥、人物之类，但色彩不宜过于鲜艳夺目，以素淡一些为好。配件大小应掌握总体比例关系，须注意近大远小、低大高小的透视效果，使山水主景与装点配件尽量和谐、自然、逼真。

162. 怎样制作芦管石盆景?

芦管石的颜色及成分与砂积石大致相同。芦管石里有许多错综的天然管状小孔，形态奇特，表层部分一般较砂积石坚硬。芦管石分为粗芦管与细芦管两种：粗者如竹竿，细者如麦秆（又称麦秆石）。有的天然生成奇峰异洞，只要稍做加工利用，即能取得很高的欣赏价值。

芦管石也是山水盆景中常用的石料之一，宜于表现喀斯特地貌及其他奇峰异石。它与砂积石常常产在同一地区，有时夹杂在一起。

（1）选料

选择芦管石最主要的是取其自然形态，因为芦管石不宜过分地加工，否则就会明显地露出人工雕琢痕迹。所以芦管石盆景最好选取一种轮廓外形好，同时芦管有疏密变化的石料。一般来说，芦管太粗、太密或过于均匀都不理想。

（2）加工

芦管石的加工方法与砂积石基本相同，但芦管石一般须保持山石表面的自然皴纹，而不宜多做人工雕琢，故加工时宜尽量保留其天然部分，对于影响大轮廓的地方，只好适当截除，但也要力求加工不露痕迹，可将断面进行打磨处理。

芦管石的拼接须注意接口吻合，不露出胶合的水泥，否则影响外形的美观，即使用砂屑抹上也不理想。

(3) 布局

芦管石盆景常做成独立式、偏重式及散置式。其用盆可稍深一点，凿石盆或釉陶盆均可，以长方形白色为好。

(4) 点缀

芦管石盆景中栽种植物，宜在山石的侧面凿出洞穴，也可在拼接石料处留下栽植的洞穴。凿洞时，尽量注意不要损坏石料正面的天然部分，洞穴宜口面小而内部大。芦管石上铺植青苔多在凹陷处及断面处。

芦管石盆景中配件的安置与砂积石盆景大致相同。

163. 怎样制作太湖石盆景?

太湖石又名湖石，是石灰岩在水的长期冲刷和溶蚀下形成的。太湖石有灰白、浅灰、灰黑等色，以纯白色为最佳。

(1) 选料

太湖石一般都为百斤以上的大石，最大者可达数米长，也有小者如拳大，但此类小型的较少。选用太湖石，主要看其自然形态是否符合造型的需要，因太湖石质地较硬，不易做加工修饰，故选材与造型须大小接近一致。此外，还应注意石料的色彩统一相似。

(2) 加工

太湖石的加工应先将选好的石料根据表现题材和造型需要进行锯截。锯前应细心观察以确定山石的正面和峰头用料，保留优美精华部分，弃其芜劣不足之处，然后划出锯截线，用切石机进行切割。如有少许不平之处，也可用钢錾子慢慢轻錾，小块的可用砂轮打磨。这是太湖石加工的主要步骤，必须认真细心进行。锯截尽量一次锯平，一旦锯歪了，再重新锯截就困难了。太湖石与其他硬质石料有所不同，它的特点是涡洞相套，皴纹纵横，石面柔曲圆润，玲珑多窍，缺少挺拔峻峭的形态气势，故加工时可让主峰略带倾斜，配峰与其成遥相呼应之态，来增强洞壑景观、峭壁耸立之意境。太湖石一般多利用其自然皴纹，不作雕琢加工。但当遇某部分石面纹理不理想时，可用强酸浸泡石面，几分钟后再用水冲洗净，可出现一些形态自然的皴纹和洞穴，以增加观赏效果。

太湖石的山坡造型有自然坡形和平板坡形两种，前者选取形态圆浑自然的石块锯平底部，后者则把石料两面都锯平。两种坡形须以自然坡形为主。

(3) 布局

太湖石盆景的常见布局式样有独立式、偏重式和开合式。布局中须处理好疏密关系，注意留出空白，以增加虚实旷阔意境。

太湖石盆景宜选用较厚实的浅口凿石盆，质地以白矾石、汉白玉或大理石的都可，由于太湖石石料大多较宽厚，故宜选较宽的长方形盆。

(4) 点缀

太湖石盆景的植物大多种植在山坡脚及半山腰中，在拼接胶合时预先留下洞穴空隙。盆景配件多放置在平面坡上，房屋、茅舍、人物等均可，但不宜过多。还可在水面上放上水榭竹楼，配上竹筏渔翁，别有一番情趣。配放景物须注意有露有藏，有隐有现，使之不能一目了然，才耐人寻味。

164. 怎样制作英德石盆景?

英德石是因其产地在广东英德一带，故而得名。它是石灰石经自然风化和长期侵蚀而形成的，多为灰黑色或浅灰色，偶间有白色或浅绿色石筋。英德石质地坚硬，不吸水，大多具有很好的天然形状，多孔而体态嶙峋。表面皴纹丰富而多变化，可分巢状、大皱、小皱等。有些还分正背面，正面有皴纹，背面平坦。

英德石坚固耐久，不易损坏，也不宜雕琢。在山水盆景中，适宜表现奇峰怪石，石感很强。

(1) 选料

选用英德石，主要是看其天然形状，首先是大的轮廓，其次是皴纹。一般宜选具有真山形态的石料，有时用两块以上石料拼接成一座山峰，但每块石料的皴纹必须统一。

用作同一盆中的石料色彩，也须深浅一致，不要有深有浅。如果做主峰的石料中夹有白石筋，则做配峰的石料也最好选用具有白色石筋的，这样才能达到统一协调。

(2) 加工

英德石的加工以锯截和拼接为主，首先是对用作主峰的石料仔细斟酌，根据表现题材和造型的需要，确定山石的正面和峰头用料，划出锯截线，用切石机进行切割。这是加工的关键步骤，必须慎重，否则定型后，就难以修改。

拼接须注意纹理方向，英德石的纹理可垂直，可倾斜，亦可水平，但必须统一，不可杂乱。拼接采用水泥黏合，可适当掺进一点颜料，使其接近石料的颜色。粘上水泥后，最好用钢丝刷将石料表面在水中洗刷干净。若用稀盐酸涂于表面，再行洗刷，效果更好，同时还可使石料露出鲜亮的色泽。

英德石做山坡造型有平板形坡与自然形坡两种。前者多在形状浑圆的石料上截取，后者则将石料截成块板状。平板最好不要同样厚，而宜略带倾斜为好。英德石盆景中还可安置高平台，可选取较长的石料，将两头截平，一般上大下小，做成悬崖状。

(3) 布局

英德石盆景常见的布局式样有偏重式、开合式、独立式（孤峰耸立）和散置式（三组以上山石组成，有主有次，有疏有密）。

英德石盆景多选用浅椭圆形凿石盆，长方形凿石盆亦可。质地以汉白玉及大理石为好。英德石大多较厚实，故所用的盆一般不宜太瘦长。

(4) 点缀

英德石盆景中的树木主要栽种在拼接时所留的洞穴中。由于英德石几乎不吸水，故洞穴宜大一点，以利树木生长，山石的表面一般不铺青苔。也可在山脉坡下种植半支莲代替树木，有聚有散，一眼望去，如同郁郁葱葱的大森林。

英德石盆景中所用配件亦以色彩古雅的陶瓷质为好。安置配件宜用水泥黏合。

165. 怎样制作宣石盆景？

宣石亦称宣城石、马牙宣。色白如玉、稍带光泽，初出土时表面有铁锈色，时间久了即转为白色。石形多呈结晶状，石面棱角非常明显，皴纹细致多变化。

宣石质地极为坚硬，不吸水，也不便雕琢加工，适宜于用来表现冰山雪景，别具情趣。也可用作树木盆景的配石，是我国传统的观赏石料之一。宣石主要产于安徽宁国山区，宣城市宣州区南部亦有少量出产。

(1) 选料

宣石多用来表现雪山景色。选用石料时，除看其自然形状之外，还须注意颜色是否洁白一致，石块大小是否相宜。

因宣石质地较硬，不便过分雕琢加工。因此最好选取自然形态好的石料，以利于加工制作。

（2）加工

宣石的加工一般应尽量利用石料的天然形态和皴纹，棱角太露之处可用錾子轻轻敲击，或用粗砂轮磨平，把山峰轮廓敲出来。注意要将做山头的部分敲凿得圆浑些，不能太尖细陡峭，更符合自然雪景。

还可把自然形态不佳的石块敲碎，选择其中形态理想的，色泽相同的小块石料，来弥补不足之处。石料的底部最好用切石机切平，或用平口锤敲凿接近水平面，再用水泥抹平。用水泥黏合时要注意绝对不能使水泥露出，如石料粘上水泥，应马上用毛笔蘸水刷洗干净。

制作宣石盆景坡脚，可选用形态自然的碎小石块拼接，如要做成较低平缓坡脚，可按需要先把水泥铺成平坡状，再把小石块拼铺在水泥表面，不使水泥露出。

（3）布局

宣石盆景常见的布局式样有偏重式、垂叠式、散置式和卧岗式（山石连在一起，取景较低，山峰呈卧睡状）。

宣石盆景多选用长方形或椭圆形的凿石盆，质地以汉白玉及大理石为好。亦可用浅蓝釉陶盆，以映衬洁白晶莹的冰山雪景。

（4）点缀

宣石盆景的树木栽种要根据需表现的主题来确定，如盆中要表现的是千里冰封、白雪皑皑的北国风光，那山石上所栽树木以枯枝梢为好，还可以在枯枝干上涂上白漆或白粉，以增强冰山雪景的气氛与效果。一般来说，宣石盆景可不栽青翠碧绿、生机盎然的树木，只需在山脚平坡上植以少量青苔小草，以起点缀与陪衬的效果。

宣石盆景中所用配件不宜多，要以少胜多。以单色古雅的陶瓷质为好，安置配件使用水泥或黏胶均可。

166. 怎样制作石笋石盆景？

石笋石是因其多呈条状石笋形而得名，又称白果峰、虎皮石、松皮石。石笋石以青灰色为多，还有淡褐、紫色等，中夹灰白色的砾石，似白

果。砾石未风化者称为“龙岩”，已风化而成许多小洞穴者称为“凤岩”。石笋石质地坚硬，不吸水，不便于雕琢，适宜做险峰，也适于在竹类盆景中做配石，象征竹笋。青灰色的石料用以表现春景山水极为适宜。

石笋石是山水盆景的常见石料，产于我国浙江等地。

(1) 选料

选用石笋石时，首先注意用于同一盆中的石料的色彩、结构（夹砾石的大小、疏密等）必须统一，再根据表现题材和造型需要选择石料的大致形状。因石笋石不便于竖劈，故应尽量选用所需要的厚、薄、宽、窄石料。

青灰色的石料宜表现春山，紫色的石料宜表现秋山，在选择色彩时可因材致用。

(2) 加工

石笋石的加工以锯截和拼接为主，若石料太大，也可先劈成数块小石(小石亦呈石笋状)，根据造型需要，可横截，也可斜截。同一盆景中的石料尽量避免等高，并注意方向基本一致，也可有适当变化。制作石坡时，可从石料头上锯截，横截或斜截均可，做成自然形坡。也可选取较厚实的石料，斜截成片状的平坡，平坡不宜同样厚薄，而以略倾斜为好。

石料锯截好以后，如果形状或皴纹不够理想，还可适当进行一些雕琢加工，用錾子或劈口锤子敲击，直至完全合乎要求为止，但须注意用力恰当，防止发生大的断裂。

黏合宜用水泥掺拌颜料，调成与浸过水的石料颜色深浅相似，这样干了以后颜色正好相同。黏合的水泥尽量不外露，不得已露出的部分可用碎石嵌进去，多余的水泥用毛笔蘸水刷掉。

(3) 布局

石笋石宜做成挺拔的高峰，也可做成延绵不断的低矮群山，常见的布局形式有偏重式、开合式、重叠式和疏密式等。石笋石的用盆可参照斧劈石的用盆要求，但可适当放宽些。

(4) 点缀

石笋石盆景中栽种植物，可在山石拼接时有意识地留下恰当的空隙，然后栽进枝叶细小、适应力强的小型植物，如六月雪、榔榆、雀梅、虎刺等。山石上一般不需铺植青苔。

盆景配件的色彩宜素淡，最好用灰黄一类色泽，能与各种颜色的石笋石谐调一致。

167. 怎样制作斧劈石盆景?

斧劈石是因其石纹与中国山水画中的“斧劈皴”相似，故而得名。由于石料多呈修长的形状，故江浙一带又称之为“剑石”。

斧劈石为页岩的一种，是经过长期沉积而形成的，主要含有石灰质及炭质，由于沉积年代、风化程度以及所含成分的差异，而产生的颜色和质地也有区别。一般颜色以深灰和黑色为多，也有土黄、浅灰、粉红及白色等。结构主要有板状、片状及条状等。有一种黑色斧劈石内部有白色夹质以及金属颗粒。

斧劈石质地较坚硬，吸水性能较差，难于生长青苔。但在山水盆景中，适于制作险峰峭壁，雄秀兼备，若经喷水后，则如雨后山峰，雄姿焕发，别有韵味。如选用白色斧劈石加工成雪景、挂瀑和白云等奇景，则另有一番意境。

斧劈石是山水盆景中主要石料之一，产于我国许多地区，目前所用多出于江苏武进、丹阳一带。

(1) 选料

选用斧劈石时，最重要的是看其结构，一般以较厚实的板状石料而又具丰富层次的为好。薄片状的石料（或稍经加工即成薄片的）适宜作远山或小盆景。质地坚硬又无层次的石料可做坡脚。

在体积上，一般大料做大盆景的主峰，小料则做配石或小盆景。也可将大料劈开做小料用，但一般不宜将小料竖直拼接成大料用，否则易破坏线条的连贯。至于色彩，可根据表现的题材或需要的效果来选择。如要表现一种水墨山水画的效果，选用黑色或深灰色的石料为好；表现冬山景象，可选用白色、浅灰色或有白色横夹层的石料；表现瀑布景色，最好选用有白色竖夹带的石料。

(2) 加工

根据对整个盆景的构思设计将所有石料集中在一起，先进行粗加工。对于太厚或太宽的石料，可用錾子或平口锤子顺着石纹小心劈开，使其接近于所需要的大小，然后根据每块石料的用途及造型要求，将大体轮廓敲凿出来，要特别注意山头的形状，有时以几块石料拼成一组山峰，则须边加工边放在一起，观察是否谐调。大轮廓加工好后，即可进行锯截，最好

用切石机锯截，也可用钢锯。锯截务须注意高度和角度，尽量一次成功。可先在石料上画好线，然后放平稳，再开始锯截。锯截还须注意纹理方向的一致，一般以垂直为多，也可倾斜或水平，但不宜混用，否则会显得杂乱而缺乏整体感。在锯截石坡时尤须小心，防止破裂。石坡可做自然形或平板形，根据造型需要而定。有时还可做一些较高的平台，以增加变化。

粗加工完毕，即可进行山石皴纹的细加工。山头的加工宜先从背面垂直往正面敲，山侧面的加工宜先从背后斜向往前敲，这样可敲出丰富的层次。然后再在正面进行敲凿，去除尖角，使皴纹线条流畅。最后，还可用碎砂轮或铁砂纸顺皴纹小心地打磨。所有的石料加工好以后，便可进行布局和胶合。胶合用水泥要加适当颜料，使与石料颜色相近似。灰黑一类石料多用墨汁调进水泥。胶合前将石料洗净并晾干，在盆中铺上纸，再放上石料并抹上水泥，待水泥干后，将纸去掉。每块石料的底部最好全部抹上水泥，石料相接处的空隙均要填满水泥，但尽量不使山石正面露出水泥，倘若露出时，可用较硬的笔刷出皴纹，使与山石一致。

(3) 布局

斧劈石盆景的常见布局式样有偏重式（两组山石组成，一侧为主，另一侧为次，有所偏重，对比明显）；开合式则为三组山石组成，盆前方左右各置一组，有主有次，两侧中间的后方，再置一组远山；重叠式是由若干山石层次组成，表现山重水复景色，并要做到露中有藏。

斧劈石盆景宜选择极浅的凿石盆，质地以汉白玉和大理石为好。形状用椭圆形、长方形均可。因斧劈石多呈片状，故用盆一般可以稍狭长些。

(4) 点缀

斧劈石盆景中栽种植物多在山石拼叠时留出较大的空隙，并用水泥将其做成小盆状，下方留下排水眼，然后将加工好的小型树种栽植进去。斧劈石盆景中适用的树种有六月雪、瓜子黄杨、金雀、虎刺、榔榆等。

为了达到水墨画般的效果，斧劈石盆景中的配件宜选单色陶瓷质的为好，一般不宜用色彩艳丽的金属质配件。安置配件用水泥或黏胶均可。

168. 怎样制作千层石盆景?

千层石属水成岩的一种，深灰色或褐色，中间夹有浅色层，层中含有砾石，石纹横向，极似山水画中的折带皴。千层石质地极坚硬，不吸水，

也不便雕琢加工，适宜表现横纹的山景，别具奇趣。也可用以表现一种沙漠地景象。千层石产于江苏太湖一带。

(1) 选料

选用千层石，除看其自然形状之外，还须看其是否便于横劈，有些石料含砾石过多，难以加工。千层石可做上下拼接，但不宜左右拼接，故选料与造型须大小接近一致。此外，还应注意色彩的统一。

(2) 加工

千层石加工应先将选好的石料横劈成所需要的高度，用大錾子或平口锤均可。然后酌情做少量的雕琢加工，主要是将棱角太尖处修凿得圆浑些，并用砂轮片打磨。最后将各块石料堆叠拼接。堆叠时务须注意防止形成宝塔状，必须前后左右错落有致，总体形状不可成正三角形，否则将会使造型呆板。拼接时还须注意横纹呈水平状，不宜有平有斜。拼接石料用水泥掺拌颜料胶合，除使色彩一致外，还须尽量不让水泥外露，使所有的石块拼接浑然一体。

(3) 布局

千层石大多做成横向造型，极少垂直造型。布局式样以偏重式为多，也可做成开合式或独立式。千层石宜选用较宽的长方形或椭圆形的凿石盆。

(4) 点缀

千层石盆景中栽种的植物多采用悬垂状的小植物，如垂盆草等。近山脚处也可栽种一些小树，但不宜多；盆景配件多安置在山石的较大平面上，也不宜杂。

169. 怎样制作卵石盆景?

卵石又称鹅卵石，形状多呈卵状，圆或扁平状，少有不规则形状，表面光滑，体积较小，石质坚硬，不便雕琢造型。色泽有白色、灰色、黑色、橙色、褐色、紫色等。分布全国各地，多在河流、谷地及砂矿之中。质地坚硬，表面光滑，不适宜雕琢，但可选择形态适宜者锯截、拼接。

(1) 选料

由于鹅卵石属硬质石料，盆景制作时选石是关键。选择石料时要特别注意，同一个盆景的用石要来源同一地方，要同色同形，统一纹理，然后

根据其大小高矮确定是用作基石、峰石还是配石。最好在河滩上就把一组石块大致选齐，甚至还留有余地，尤其不要忽略同类的小礁石等配石的选择，因为在江边选石时，常常是峰石易得，配石难求。接下来的是，根据选择的鹅卵石纹理走向，确定布局、构图形式。在河边沙滩上初步造型构图，随时选石、补充修改。大致完成后，既可将选好的石料带回做精加工造型。

(2) 加工固定

因卵石外形大多中间粗壮，两端细小，竖立时不易稳定，故在固定加工时可采用以下方法与步骤。

①加底座：先选择一平扁的卵石块作底座，上面再竖立峰石，这样既可避免卵石竖立后因接地点小而头重脚轻的不稳定感觉，又可自然增加山峰的高度。做底座的石块应着重表现自然石岸的地貌景观，还须注意选用同样风格的小卵石做水边礁石以增加水岸的曲折，加重底座的重量感，同时用来遮挡后面峰石的立脚。

②峰石竖立：竖立峰石时，先在底座石块上寻找凹点（这也是底座石的选择标准之一），将峰石立足对应于凹点，慢慢找到自然基本能立稳的感觉，或者嵌入小石粒固定，要做到在没用水泥前石块就能基本立稳。

③水泥固定：首先在卵石块下面垫上报纸，在其上进行山石的布局与调整。用水调好水泥，或用白水泥加上与卵石近似的颜料调和，尽量用较少的水泥固定峰石和其他配景石块，稍后，可用湿布轻轻擦去石块上多余的水泥。放置于阴凉、稳定处，每天喷水保湿，大约维护一周左右既可。

(3) 点缀

待卵石上的水泥完全干透后，选择与之适宜大小的水盆装盆、配景，即可完成盆景的制作。长江鹅卵石盆景可以选用大理石材质的白色椭圆形浅口盆，因为白色简洁、明快，能较好地反衬托出各色卵石石景的姿态、风韵；椭圆形水盆与卵石的圆润形态协调统一。因为长江鹅卵石盆景主要再现长江两岸的风致景观，可根据盆景意境选择小塔、草屋、樵夫、渔翁、小舟、渔船等小型配件点缀一二即可。

170. 怎样制作雾化盆景?

雾化盆景是在山水盆景的水下安装一套超声波雾化装置。只要盆中注入清水，接通电源，超声波便产生喷泉和淡淡的雾气，山石周围云雾环绕，

增添了盆景的神秘感。运用超声波技术使清水产生“云雾”，不但能增加环境湿度，而且雾气中含有负氧离子，能起到调温和净化空气的作用。

171. 怎样制作挂壁盆景?

(1) 背景设计

背景材料可用长方形大理石板、轻质金属薄板或三合板。大理石板上如有天然的山水纹理最为理想，可作为远景。金属薄板或三合板上边可涂以湖蓝色的漆，模仿天空和湖水，也用作远景。

(2) 中景、近景设计

中景、近景多用斧劈石、砣矶石、砂积石来制作。选用较小片料粘贴或用螺丝固定在中景位置，再选用适当的大料，选好观赏面后，用同样方法固定在底板上。

(3) 配植与点缀

如近景要种植较大一些的植物，可将容器置于底板背后，在隐蔽处把底板打个孔，植物从孔中穿过，根部在后，冠部在前。如只配植微型植物，可直接植于山石隙缝的泥土中，然后按意境要求点缀配件，于是便成了一副名副其实的活的立体的中国画。

(4) 题诗、落款

同国画一样，可在空白处书写。

172. 怎样制作组合盆景?

(1) 组合盆栽的制作原则

①植物的生物学习性相近。②整体色调和谐。③富于层次，合理布局。④构图合理，比例适当。⑤容器与植物相互映衬，协调一致。

借用园林造景方法，特别是缩景、写景和借景已成为组合盆栽创作的重要方法之一。如同书画作品，留白会使作品空灵含蓄。不必将整个容器植满（悬挂盆栽除外），做到疏密有致，留下想象的空间。

(2) 组合盆栽的制作方式

①脱盆混合栽植是最常用的组合方式，大型组合和小型盆栽最常采用。

②连盆组合摆置多用于草花组合，更换植物较易，而且可以使不同习性的植物组合在一起。

③多层堆叠组合关键在于堆叠时的固定。传统盆栽是属于点状、群组或平面式的运用，在摆设上多有限制。利用堆叠组合可使盆栽更具有空间感、增加作品份量、增加展示空间的利用效率及层次深度变化产生的美感。

④制作架构增加了空间和立体感，将植物的美与架构的精巧充分展示。如高铁架上层种植铁线莲，下垂枝条呈现出飘逸秀美，下层番红花盛放，稳重古朴。适于有阳光的起居室。

173. 怎样制作微型盆景？

（1）取材

制作微型盆景，一般选择枝细叶小、上盆易活而且根干奇特、花果艳丽、易造型的材料。常选用的有五针松、小叶罗汉松、圆柏、黑松、瓜子黄杨、凤尾竹、冬青、六月雪、文竹、雀梅、南天竹等。以上树种可用扦插、播种和分株等法得到植物。为了快速成型，也可到山野挖取枸杞、锦鸡儿、金豆、紫藤、铺地柏、火棘等树桩，挖出经艺术造型后即可栽入盆中。

（2）造型

微型盆景的制作要在细微中见功夫。要“意在笔先”，胸中备古木之形。制作前要对各种树木的姿态、习性等了如指掌。造型要高度概括，按照树干的特征，适当地进行画龙点睛的加工，使之疏密有致，层次分明。造型常用的方法有棕丝结扎法、铅丝缠绕法、折枝法、蟠扎法及倒悬法等。采用铅丝缠绕法整形较为简便。

树木整形一般以在早春进行为宜。具体操作要根据枝干的粗细分别选用直径合适的铅丝缠绕枝干，再把枝干弯成所需要的形态。用铅丝缠绕时必须紧贴树皮，疏密适度，绕的方向以和枝干直径成45°角为宜，经过1～2年后树干基本定型，才可去掉铅丝。对那些不必要的杂乱枝条，应截短或除去。

微型树木盆景的主干造型常用以下形式。

①直干式：树干不需弯曲蟠扎，干直挺拔，蓄养侧枝。

②斜干式：将主干偏斜栽植，倾侧一方的枝条应多留一些，且呈微垂状态。

③曲干式：用金属丝缠绕主干，弯曲成所需要的盘曲造型。

④悬崖式：用金属丝缠绕主干，弯曲成下垂状态。

主干造型除整株形态外，还可进行适当的雕琢加工，增强树木苍老古朴之形。

(3) 上盆

整形时要将树木从泥盆中移栽到紫砂盆或釉盆中。盆的形状、大小、色泽须和树体相配。在一般情况下，高深筒盆适合于悬崖式；椭圆形或浅长方形盆宜栽直干或斜干式；圆形盆可配置低矮盘曲植物；多角形浅盆宜栽高干式。此外，盆架也应与花盆的形态和色彩协调，融合成完整的艺术结构。

上盆时，先将盆底排水孔用瓦片或塑料网盖好，然后放入大半盆培养土，再放入树木，培土时应将根系放直理顺，避免窝根，树干的姿态要仔细观察，使其位于最佳位置，压实土壤，使其与根系紧密接触。最后在盆面上铺以青苔，既可增添翠色，又能保护盆土湿度和浇水时不受水滴冲刷。

(4) 养护

微型盆景的养护尤其需要周到细致。盆土宜经常保持湿润，要见干见湿，或用盆浸法灌水。盛夏置于阴处，用细孔喷壶往植株上喷水，保持湿润环境。生长期间要薄肥勤施，一般每10天左右施一次。可用充分腐熟的豆饼水、蹄片水等，亦可施用全元素复合化肥，施肥方法最好也用盆浸法。

第三章
盆景应用欣赏

本章主要介绍盆景应用和欣赏知识，包括盆景的应用形式、国内主要的盆景园、盆景欣赏、盆景的发展趋势等。

174. 盆景应用有哪几种形式?

(1) 盆景艺术在园林中的应用

①盆景艺术理论在园林中的应用：盆景艺术讲究“小中见大”“缩龙成寸”的理论，现代园林中的假山造景、曲径通幽就是“小中见大”理论的应用。水旱盆景的布置手法在现代园林的疏林草地中应用相当广泛，树种的生态布置，如丛林式盆景一般丛生布置在一起，也符合盆景艺术的统一协调性。盆景艺术中的“露藏对比”在园林中就是“明暗对比”，而盆景艺术的“缩龙成寸”“小中见大”更是园林艺术“芥子纳须弥”的升华。

②盆景艺术技法在园林中的应用：在现代园林中，雾化盆景技术已经广泛应用于水景假山的雾化处理中。盆景的修剪技术也早已推广到园林树木的修剪造型，如花灌木的球形、蘑菇状造型修剪，几米高的榕树、三角梅、榆树、柏树等云朵状等造型修剪。盆景的点石手法在现代园林景观置石设计中更是随处可见。

③盆景艺术在屋顶花园中的运用：屋顶花园对植物的要求与盆景栽培要求相似，乔木种植常以盆景式的造型树为多，灌木布置则以自然点缀配

植或成片花坛造型为多，如同盆景中的地被布置。在自家屋顶和单位办公楼顶，常见建成空中盆景园。

(2) 盆景在盆景园中的应用

盆景园是通过造园艺术手法，创造便于研究、创作、收藏、展览盆景，营造适宜养护管理的环境，以供游人或园主（私家盆景园）欣赏观摩、交流盆景及技艺的专类园。盆景是盆景园呈现的主体，盆景艺术与造园艺术同宗同源，异曲同工，两者相得益彰。国内知名盆景园如苏州虎丘万景山庄、上海植物园盆景园、扬州盆景园、杭州花圃掇景园、天津盆景园、深圳盆景世界、靖江盆景园、南通盆景园、昆明世博园盆景园、歙县鲍家花园盆景园等。

(3) 盆景在日常生活中的应用

①盆景在庭院中的应用：盆景作为美的载体，可布置在庭院的门景(含停车场、入园对景)、园路、水景等，且植物可以净化空气、美化环境、活跃家庭气氛；

②盆景可作为艺术品：它可以陶情冶性，供人欣赏，是体现主人情操、修养的良好载体，可为主人代言；

③盆景可作为装饰品：它是调剂生活、美化环境、烘托气氛的理想材料；

④盆景可作为礼品：以观花类、观果类盆景为主，是沟通人与人之间情感的理想媒介。

175. 国内主要有哪些盆景园?

我国主要的盆景园有苏州拙政园盆景园（1954 年)、广州流花西苑(1956 年)、杭州花圃掇景园（1958 年)、温州盆景园（1958 年)、扬州红园（1958 年)、泰州盆景园（1958 年)、成都杜甫草堂盆景园（1982 年)、上海植物园盆景园（1978 年)、苏州虎丘万景山庄（1982 年)、成都百花潭公园盆景园（1983 年)、扬州盆景园（1984 年)、徐州果树盆景园(1988 年)、昆明关上公园盆景园（1989 年)、天津盆景园（1991 年)、北京植物园盆景园（1995 年)、深圳盆景世界（1997 年)、昆明世博园盆景园（1999 年)、江阴中国乡镇盆景博物馆（1999 年)、靖江盆景园（2000 年)、南通盆景园（2000 年)、成都武侯祠盆景园（2001 年)、江都龙川盆

景艺苑（2003年）等。

176. 苏派盆景主要集中在哪个盆景园?

苏派盆景主要集中在苏州虎丘的万景山庄展示。

万景山庄位于“吴中第一名胜”虎丘山东南麓，山庄占地面积24亩，是1982年建成开放的一座仿古建筑园林，为荟萃苏派盆景精华的专业盆景园，盆景之多列苏州市各园之冠。其中包含获全国盆景评比特等奖、已有500多年树龄的圆柏“秦汉遗韵”，获一等奖的榆桩“龙漱”、锦松“苍于嶙峋”，获二等奖的圆柏“巍然侣四皓”；有获全国首届花卉博览会佳作奖的榆桩合栽“华林新榆”，优秀奖的雀梅“寒雀争春”；还有重达二三吨、有40余年树龄，被誉为镇园之宝、盆景王的古桩雀梅以及20余盆获省树桩盆景最佳、优秀奖的作品。

177. 海派盆景主要集中在哪个盆景园?

海派盆景主要集中在上海植物园盆景园中展示。

上海植物园盆景园于1995年扩建，占地50亩，汇集了以海派盆景为代表的盆景精品2000余盆，为国内最大的国家盆景园之一。该园由序景区、树桩盆景区、山石盆景区和服务区四个区组成，园内构成江南庭院式园林景观，树桩盆景区有“迎客松”“松鹤延年”“枯木逢春”等巨型盆景。盆景园内有盆景博物馆，于1996年正式对外开放，向游客展示盆景的起源、历史、各地盆景流派特点等，同时还展出盆景的藏品，如盆、几架、配件等。

178. 浙派盆景主要集中在哪个盆景园?

浙派盆景主要集中在杭州花圃掇景园中展示。

掇景园为杭州花圃的园中园，建于1958年，占地15亩，分室内展区、室外展区和生产作业区三大区域。建园初期，室外展区盆景陈设在布置规则的高低两档水泥预制条上。2000年对其进行改造后，对盆景的陈设改进，将盆景高低错落、疏密有致地自然布置在园中。杭州花圃参加了历届中国盆景评比展览，荣获全国一、二、三等奖的作品有 30 余盆。

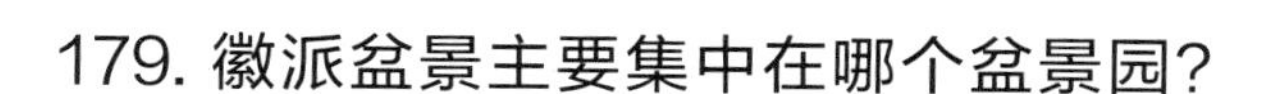

179. 徽派盆景主要集中在哪个盆景园?

徽派盆景主要集中在歙县鲍家花园盆景园中展示。

鲍家花园坐落在黄山市歙县棠樾村，是黄山市重点旅游观光景点之一，盆景园占地 80 亩，收藏有全国各地盆景佳作 6000 多件，其中有许多盆景曾获国际、国内盆景大赛金奖，目前国内最长的树石盆景《江山如此多娇》陈列于徽风园。

180. 扬派盆景主要集中在哪个盆景园?

扬派盆景主要集中在扬州盆景园中展示。

扬州盆景园位于扬州市区西北部，占地 75 亩，是国家重点风景名胜区，扬州盆景园原为清乾隆盛世瘦西湖上二十四景之卷石洞天、西园曲水和虹桥修禊遗址。扬州盆景园重点保护一批明、清盆景，并全面继承扬派盆景剪扎技艺，相继参加中国盆景评比展览，黄杨盆景《巧云》《腾云》《行云》《凌云》《碧云》《彩云》，桧柏盆景《苍龙出谷》先后荣获日本大阪花与绿国际花卉博览会金奖，黄杨盆景《碧云》荣获中国 1999 年昆明世界园艺博览会金奖。

181. 川派盆景主要集中在哪个盆景园?

川派盆景主要集中在成都百花潭公园盆景园中展示。

成都百花潭公园盆景园占地面积 6.9 亩，由作品展览器和盆景资料馆两部分组成。园内有山水盆景、树石盆景、树桩盆景以及微型组合盆景等优秀作品 200 余件，川派盆景资料馆也展有大量川派盆景的历史资料。

182. 通派盆景主要集中在哪个盆景园?

通派盆景主要集中在南通盆景园中展示。

南通盆景园位于南通市区濠西路东侧，东临濠河，三面环水，总面积

14.7 亩，2000 年国庆节建成并对外开放。该园是具有江南古典园林风格的专类园，由广场区、入口区、景石区、主景区、山林草坪区五个景区组成。南通盆景园收藏通派盆景精品 250 余盆，在国内外盆景展览会上频频获奖，其中“两弯半”造型的《琼楼玉宇》荣获中国 1999 年昆明世界园艺博览会金奖，第一届中国花卉博览会佳作奖等。

183. 岭南派盆景主要集中在哪个盆景园?

岭南派盆景主要集中在广州流花西苑中展示。

1960 年年初，广州市人民政府拨出专款，成立流花西苑。苑内设石山、盆树专业组，负责生产和保护盆景，供中外游人参观、选购。苑内有一级珍品的九里香、榆、松、柏、福建茶、雀梅、红枫等盆景。广州盆景协会会址也设在该地，并与西苑合办展览区，成为一个交流盆景艺术的基地。

184. 盆景如何在园林中绿化?

盆景艺术诞生于园林艺术中，盆景在园林景观中运用最多的就是盆景园和屋顶花园。在我国一些较大型、较有品位的公园，基本上都有盆景园或大型盆景的摆设，常见形式有假山、水池、景石单置、树石结合、孤植景树等；屋顶花园种植环境与盆景的栽培要求相似，在自家屋顶和单位办公楼顶，常建成空中盆景园；此外也可以利用大型盆景在城市广场陈列观赏。

185. 盆景如何在家庭中应用?

盆景是以植物和山石为基本材料在盆内表现自然景观的艺术品，适合在家庭中摆放。一般的家庭只有不大的阳台、客厅、窗台、桌案，可以用来陈设中小型树桩盆景。家庭盆景的形式不限，以直干式、曲干式和丛林式为主，以中小型为多，若有较大的庭院和露台，也可摆放少量大型盆景。树枝不需长，树叶不需多，通风透光要好。树种最好选择耐阴的金弹子、罗汉松等。

186. 盆景欣赏需要具备哪些基本知识?

盆景艺术是一种独立的艺术门类，欣赏者自己要具备一整套的基础知识和理论体系，通过学习，熟悉盆景的概念、特点、分类、发展历史和艺术流派等，同时还要注意不断增加对盆景的感性认识。

盆景主要从下列四方面进行欣赏和品评：

(1) 要有自然神韵，生长势良好

植物要枝壮、叶茂、花好、果硕，给人勃勃生机之感；山石要顺乎纹理加工，保持天然美态，令人心旷神怡，而不是树呈病态，精神萎靡，石现伤痕，生雕硬琢。

(2) 要有整体美感，艺术造型好

既能把握"第一印象"，扣人心弦，"一见钟情"的情感，又能逐步深入细部观赏。盆景要经久耐看，而不是忽视整体，舍本求末，罗列、堆砌，主次不分。

(3) 能引人入胜，加工技艺好

要造型生动、布局合理，技巧精美、设置得体，令人流连忘返，回味无穷。而不是造型僵化，加工粗糙，购置失调，令人乏味。

(4) 能情景交融，写意效果好

要主体突出、题名确切、寓意深刻、画境优美、意境深长、耐人寻味、发人深思、给人美的享受、激发人创造美的热忱，而不是形不达意、景不寓情、名实不符、物我两分。

187. 树桩盆景欣赏有何要求?

在欣赏树桩盆景作品时，除了关注植物种类和制作技法外，还应着重关注以下三方面的要求：

(1) 盆景的景象。是作者通过植物、山石等素材，经过艺术加工，再现自然，蕴含了作者对自然和社会的审美意识和情趣，是盆景欣赏中的理性部分。

(2) 盆景的意象。是作者通过对自然的观察，运用创造性思维后高度概括提炼的虚像，是盆景欣赏中的感性部分。

（3）盆景的意境。是作者通过对自然美景的概括和提炼，赋于景象以某种精神，使人们在欣赏盆景时触景生情，情景交融，产生共鸣，是一种物化的过程，是一个由表及里的过程，也是盆景、审美的体验。

188. 树桩盆景一般从哪几方面进行欣赏？

（1）作品整体健康、生动、富有变化；

（2）枝片布局层次分明，自然恰当；

（3）造型苍老、自然、刚劲有力；

（4）根部处理盘根错节，弯曲自然；

（5）配盆合理而大方；

（6）配植点缀恰到好处；

（7）命名确切而有内涵。

189. 树桩盆景优劣的具体标准有哪些？

（1）根盆完整；

（2）基部隆起；

（3）树干渐收；

（4）枝叶协调；

（5）花果均匀。

190. 山水盆景欣赏有何要求？

山水盆景是以观赏岩石为主的一类盆景，首先要对制作山水盆景的石料有所了解，归纳起来可分为质地较疏松能上水的松质石料和质地坚硬不上水的硬质石料；山水盆景的美主要是从三个方面来进行欣赏和品评，即盆景的自然美、艺术美和意境美，在欣赏时，应从多角度去欣赏，体验不同的景观和韵味。

山水盆景的欣赏特点是“小中见大”“咫尺千里”。常用的山水盆景欣赏方法是：

（1）利用透视关系，以近衬远；

（2）以小衬大的对比手法；

（3）景物藏露含蓄。

191. 山水盆景一般从哪几方面进行欣赏？

（1）选石生动贴切；

（2）立意深邃，命名确切；

（3）布局合理，比例恰当；

（4）山脚处理和谐自然；

（5）配植点缀恰到好处。

192. 小品盆景欣赏有何要求和标准？

小品盆景不是大型盆景的简单缩微，而是比大型盆景更集中、更概括地反映大自然景观，其风韵独特、意境深远，因此艺术欣赏除了一般盆景欣赏的要求和标准外，对其艺术造型有更高的要求，对其陈设也有更高的要求。

小品盆景欣赏特点主要有下列几点：

（1）小中见大，以少胜多；

（2）自然美与艺术美相结合，以艺术美为主；

（3）抽象美多于具象美；

（4）组合欣赏为主。

193. 我国盆景的发展趋势有哪些？

中国盆景的发展根植于优秀传统文化，在创新发展中保留和发扬其优秀部分，逐步完善并展现中国盆景特有的民族文化和气韵。创新发展包括不断求新、求变、求美。随着家庭园艺的发展，中国盆景行业前景光明，盆景市场比较活跃，盆景人与国外的交流活动也越来越频繁，更多的人开始对中国盆景深邃的意境产生兴趣。

我国盆景的发展趋势有以下几点：

（1）盆景具有商品性质，在市场中盆景树木造型模式化、单一化严

重，盆景要向多元化发展，打破不利局面；

(2) 丰富盆景所蕴含的民族文化，赋予其独特的文化魅力；

(3) 盆景的培育技术、造型方法、工具材料等方面会越来越科学，越来越规范。

194. 浙江盆景有哪些特色?

浙江盆景以高干型合栽式为基调，讲求自然动势，注重节奏力度，具有鲜明的地方特色和时代精神，其盆景艺术风格的形成具有深厚的传统基础。浙江盆景继承了自唐、宋以来在浙江广为流传的“天目石松”的那种苍翠挺拔的傲然风骨，并确定以松柏类植物作为盆景制作的主要树种；在盆景造型上则采取多株合栽式，以体现生命汇聚的群体力量；并崇尚直干、高干的自然姿态，与传统的人工扭曲的“S”形相映衬。

浙江盆景以杭州、温州两地的树桩盆景造型为主。

杭州盆景以松、柏为主。松树造型多用黄山松、五针松、黑松，多取高干合栽，枝干力求体现刚直向上、英姿勃发的精神，分枝讲究层次，不扎薄片，多种线条综合发挥。柏树造型追求刚柔并济，侧重阳刚，具有耸峻挺秀、奋发向上的气势，形成轩昂、雄劲、豪放的艺术风格。

温州盆景以松、柏为主，杂木为辅，而以五针松为代表树种。五针松造型多取直干式，三五株合栽，表现松树的群体美，主干和枝条配合，曲折自如，自然舒展，既体现山林野趣，又表现姿色清秀。杂木多取山野的榆、雀梅、枫、胡颓子、黄杨等乡土树种，造型上保留主干的传统审美标准，对枝条处理运用修剪法，采用诱发新枝，不断修剪，因枝定向，或上伸，或下垂，或平展，务求统一协调，自然舒展，浑然一体。既不失传统的片状层次，又讲究枝间的离合关系，刚直向上，古拙苍劲，形成端正、庄重、清秀、严谨的艺术风格。

此外，台州九峰公园的春晖园展示有梅桩盆景，在国内外具有较大影响。

195. 浙江盆景的发展现状怎么样?

浙江盆景以杭州、温州为中心，其主要代表人物为杭州潘仲连和温州胡乐国。浙江盆景造型独具一格，在技法上，以扎为主，以剪为辅，整体上集浙江自然风景、园林景观、风土习俗、文化历史于一体，具有其独特的风采和韵味。浙江盆景在造型上以刚为主，以柔为辅，刚柔并济，即直线与曲线并用，顺势与逆势并用，硬角度与软弧线并用，长跨度与短跨度并用。

浙江经济的发展促使许多盆景生产企业出现，其中包括外商来国内开办的合资或独资的盆景生产企业，盆景生产企业促进了浙江盆景产业化生产的发展。

盆景热也影响了不少爱好盆景艺术的企业家，他们在经营企业之余投入大量的资金，收藏并创作盆景，建立私家盆景园，推动了中国盆景事业的发展。

196. 庭院中如何陈设盆景？

陈设盆景时应注意庭院的空间，盆景不宜过大；陈设时不能太呆板，过多采用对称配置；花果艳丽的盆景如用与花果色彩相协调的釉盆，则效果更佳；山青水碧的山石盆景不宜摆放在水平视线过高的位置，以突出盆景中山峰之峻峭，也不宜把姿态别致的树桩盆景摆放在比水平线过低的地方，使其更显古相之苍劲。庭院中盆景陈设常与假山造型有机结合，陈设形式可以多种多样，注意留足视距，背景要简洁，最好使用背景墙。

197. 如何评价日本盆景？

日本盆景的风格以自然美为主流，近年来又向多样化和个性化方向发展，出现形象化和抽象化流派。日本现代主流盆景的形象与和服有相同之处，闭敛内收，树冠横向扩张，枝叶严严实实，看起来圆润和谐，内中充满恣意的张力。在盆景审美领域，日本人崇尚的是从中国传入的禅宗文化和道教文化精神，他们未将禅宗文化和道教文化融入盆景的创作中，而是用在了花道和展示上。

日本盆景从树种的选择、树坯的培育、树形的加工以至日常的养护管理工作都已达到很高的水平，将科学的培植技术与民族风格结合起来。

198. 我国古代盆景相关著作有哪些?

(1)《职贡图》，唐・阎立本。画有以山石进贡的情景，进贡行列中一人手托浅盆，盆内立一玲珑剔透山石。

(2)《岩松记》，宋・王十朋。详细地描绘了松树盆景。

(3)《双石》，宋・苏东坡。文学家、书画家苏东坡在制作盆景时，触景生情，诗兴勃然，写下著名诗句，诗的小引中说：“至扬州获二石，其一绿石，冈峦迤逦，有穴达于背；其一玉白可鉴，渍以盆水，置几案间。忽忆在颍川日梦人请住一官府，榜曰仇池。醒而诵子美诗曰：万古仇池穴，潜通小有天。乃戏作小诗为僚友一笑。”

(4)《吴风录》，明・黄省曾。文内说道：“至今吴中富豪竟以湖石筑峙奇峰阴洞，至诸贵占据名岛以凿，凿而嵌空妙绝，珍花异木错映阑圃，闾阎下户亦饰小小盆岛为玩。”

(5)《考槃馀事》，明・屠隆。在《盆玩》中写道：“盆景以几案可置者为佳，其次则列之庭榭中物也。”还首次介绍蟠扎技艺：“至于蟠结，柯干苍老，束缚尽解，不露做手，多有态若天生。”指出民间通过人为剪扎制作树木盆景可“多有态若天生”。

(6)《练水画征录》，明・程庭鹭。在文章评论说道：“小松能以画意剪裁小树，供盆盎之玩，今论盆栽者必以吾邑（指嘉定）为最，盖犹传小松画派也。”

(7)《南村随笔》，明・陆庭烂。其中对盆景的记载：“邑人朱三松，择花树修剪，高不盈尺，而奇秀苍古，具虬龙百尺之势，培养数十年方成，或逾百年者，栽以佳盎，伴以白石，列之几案间，或北苑、或河阳、或大痴、云林，俨然置身长林深壑中。三松之法，不独枝干粗细上下相称，更搜剔其根，使屈曲必露，如山中千年老树，此非会心人来能遽领其微妙也。”

(8)《长物志》，明・文震亨。在《盆玩篇》详述制作盆景的技艺。

(9)《盆景》，明・吴初泰。详述制作盆景的技艺。

(10)《素园石谱》，明・林有麟。详述制作盆景的技艺。

(11)《花镜》，清・陈淏子。在《种盆取景法》中写道：“近日吴下出一种仿云林山树画意，用长大白石盆或紫砂宜兴盆，将最小柏、桧、榆、

枫、六月雪或虎刺、黄杨、梅桩等择取十余棵，细观其体态，参差高下，倚山靠石而栽之，或用昆山石或广东英石。随意叠成山林佳景，置数盆于高轩书室之前，诚雅人清供也。”

(12)《扬州画舫录》，清·李斗。书中提到乾隆年间，扬州有花树点景和山水点景的创作，还有做成瀑布的盆景，也曾提到苏州有一位名离幻的和尚专长制作盆景，往往一盆价值百金之多。因广筑园林，大兴盆景，有“家家有花园，户户养盆景”之说。

(13)《盆梅》，清·郑板桥。画中展示当时的梅花盆景艺术。

(14)《盆景寓录》，清·苏灵。书中以叙述树木盆景为多，把盆景植物分成四大家、七贤、十八学士和花草四雅，足见当时盆景发展之兴盛。

(15)《惕庵石谱》，清·诸九鼎。序中说：“今偶入蜀，因忆杜子美诗云：蜀道多花草，江间饶奇石。邃命童子向江上觅之，得石子十余，皆奇怪精巧，后于中江县真武潭，又得数奇石，乃合之为石谱，各纪其形状作一赞。”

(16)《岭南杂记》，清·吴震方。书中提到：“英德石大者可以置园庭，小者可列几案。”

199. 我国当代盆景制作相关书籍主要有哪些?

(1) 马文其，魏文富：《中国盆景欣赏与制作》，金盾出版社 1995 年版。

(2) 赵庆泉：《中国盆景造型艺术分析》，同济大学出版社 1989 年版。

(3) 吴诗华，赵庆泉：《中国盆景制作技术》，安徽科学技术出版社 1988 年版。

(4) 孟庆颐，孟林：《盆景制作技巧》，中国建筑工业出版社 1993 年版。

(5) 陈显修，陈远刚：《盆景制作与养护问答》，中国林业出版社 1996 年版。

(6) 胡运骅等：《中国盆景：佳作赏析与技艺》，安徽科学技术出版社 1988 年版。

(7) 邵忠：《苏州盆景技艺》，上海科学技术出版社 1989 年版。

(8) 刘仲明，刘小玲:《岭南盆景造型艺术》，广东科技出版社 2003 年版。

(9) 汪彝鼎，邵海忠:《山水与树桩盆景制作技艺》，上海科学技术出版社 1996 年版。

(10) 江鼎康:《家庭盆景制作》，上海科学技术文献出版社 1995 年版。

(11) 蔡幼华:《榕树盆景制作与名品鉴赏》，福建科学技术出版社 2003 年版。

(12) 石万钦，马文其:《现代盆景制作与赏析》，中国林业出版社 2009 年版。

(13) 翟洪武，刘国梁:《花卉栽培与盆景制作》，天津科学技术出版社 1982 年版。

(14) 唐自东:《盆景制作与养护》，福建科学技术出版社 2006 年版。

(15) 邵忠，邵键:《中国盆景制作图说》，上海科学技术出版社 1996 年版。

(16) 雷东林:《盆景制作技法与鉴赏》，中国农业出版社 1999 年版。

(17) 林鸿鑫:《树石盆景制作与赏析》，上海科学技术出版社 2004 年版。

(18) 马文其:《小型盆景制作与赏析》，金盾出版社 2008 年版。

(19) 管涤凡:《盆景制作入门宝典》，上海科学技术文献出版社 2010 年版。

(20) 彭春生，李淑萍:《盆景学》，中国林业出版社 1994 年版。

200. 盆景相关网站有哪些?

(1) Bonsai Focus. https: //www. bonsaifocus. com.

(2) Toronto Bonsai Society. http: //torontobonsai. org.

(3) American Bonsai Society. http: //www. absbonsai. org.

(4) Bonsai Network Japan. http: //www. j-bonsai. com.

(5) 台湾盆栽世界 . http: //www. bonsai-net. com.

(6) 香港盆景雅石学会 . http: //www. hkpas. org. hk /hk /zhu _ ye. html.

(7) 文农学圃 . http: //manlung-garden. hkbu. edu. hk.

(8) 中国盆景网 . http：//www. cn-pjw. com.
(9) 盆景中国 . http：//www. pjcn. cn.
(10) 湖南花木网 . http：//www. hnhm. com.
(11) 花木盆景 . http：//www. hmpj. com. cn.
(12) 中国观赏石 . http：//www. gss. org. cn.

参考文献

[1] 蔡德辉，黄海松. 明珠出湖畔　芳泽建名园——漫步广州盆景之家西苑［J］. 广东园林，1990（4）：13-14.

[2] 蔡建国，韩春，舒美英，等. 观赏竹盆景艺术创作研究［J］. 河北林果研究，2006（1）：88-91.

[3] 蔡幼华. 榕树盆景制作与名品鉴赏［M］. 福州：福建科学技术出版社，2003.

[4] 陈思甫. 盆景桩头蟠扎技艺［M］. 成都：四川人民出版社，1982.

[5] 陈显修，陈远刚. 盆景制作与养护问答［M］. 北京：中国林业出版社，1996.

[6] 陈象川. 论微型盆景的审美价值［J］. 花木盆景（花卉园艺），1996（2）：30-31.

[7] 陈有民. 园林树木学［M］. 北京：中国林业出版社，1990.

[8] 辞海编辑委员会. 辞海［M］. 上海：上海辞书出版社，1979.

[9] 冯连生. 树石盆景的制作［J］. 花木盆景（花卉园艺），1996（6）：22-23.

[10] 冯钦铎. 树桩盆景设计与制作［M］. 济南：山东科学技术出版社，1984.

[11] 葛自强. 南通盆景园［J］. 花木盆景（盆景赏石），2003（9）：9.

[12] 管涤凡. 盆景制作入门宝典［M］. 上海：上海科学技术文献出版社，2010.

[13] 郝平，张盛旺，张秀丽. 盆景制作与欣赏［M］. 北京：中国农业大学

出版社，2010.
[14] 郝维平. 川派盆景园在成都百花潭公园亮相 [J]. 中国花卉园艺，2011 (20)：24.
[15] 贺淦荪. 论盆景的鉴赏 [J]. 花木盆景（花卉园艺），1995 (4)：18-19.
[16] 侯荣复. 论树桩盆景的欣赏 [J]. 花木盆景（盆景赏石），2010 (3)：8-10.
[17] 胡运骅等. 中国盆景——佳作赏析与技艺 [M]. 合肥：安徽科学技术出版社，1988.
[18] 江鼎康. 家庭盆景制作 [M]. 上海：上海科学技术文献出版社，1995.
[19] 江志清. 浙派盆景的集萃地——杭州花圃掇景园 [J]. 浙江林业，2004 (1)：25.
[20] 翟洪武，刘国梁. 花卉栽培与盆景制作 [M]. 天津：天津科学技术出版社，1982.
[21] 雷东林. 盆景制作技法与鉴赏 [M]. 北京：中国农业出版社，1999.
[22] 李青贵. 初级盆景工 [M]. 重庆：重庆出版社，2007.
[23] 李全慎. 鲍家花园——中国最大的私家园林 [J]. 度假旅游，2007 (z2)：156-157.
[24] 林鸿鑫. 树石盆景制作与赏析 [M]. 上海：上海科学技术出版社，2004.
[25] 刘仲明，刘小玲. 岭南盆景造型艺术 [M]. 广州：广东科技出版社，2003.
[26] 马伯钦. 绘图盆景造型2000例 [M]. 北京：中国林业出版社，2013.
[27] 马文其，魏文富. 中国盆景欣赏与制作 [M]. 北京：金盾出版社，1995.
[28] 马文其. 小型盆景制作与赏析 [M]. 北京：金盾出版社，2008.
[29] 孟庆颐，孟林. 盆景制作技巧 [M]. 北京：中国建筑工业出版社，1993.
[30] 耐翁. 盆栽技艺 [M]. 北京：中国林业出版社，1981.
[31] 潘传瑞. 成都盆景 [M]. 成都：四川科学技术出版社，1985.
[32] 彭春生，李淑萍. 盆景学 [M]. 北京：中国林业出版社，1994.
[33] 齐东. 中国徽派盆景艺术博览园——鲍家花园授牌仪式在黄山市举

行［J］．中国花卉盆景，2002（8）：54.

［34］裘文达，连俊，赵小进．商品花卉生产技术问答［M］．北京：中国农业出版社，1998.

［35］裘文达．经济花木生产技术问答：附盆景制作［M］．南昌：江西人民出版社，1985.

［36］邵奉公．盆景制作入门［M］．北京：中国三峡出版社，2008.

［37］汪彝鼎，邵海忠．山水与树桩盆景制作技艺［M］．上海：上海科学技术出版社，1996.

［38］邵忠，邵键．中国盆景制作图说［M］．上海：上海科学技术出版社，1996.

［39］邵忠．苏州盆景技艺［M］．上海：上海科学技术出版社，1989.

［40］邵忠，徐华铛．浙江盆景［M］．北京：中国林业出版社，2004.

［41］邵忠．中国盆景艺术［M］．北京：中国林业出版社，2002.

［42］邵忠．中国山水盆景艺术［M］．北京：中国林业出版社，2002.

［43］沈荫椿．微型盆景艺术［M］．南京：江苏科学技术出版社，1981.

［44］石万钦，马文其．现代盆景制作与赏析［M］．北京：中国林业出版社，2009.

［45］试论盆景植物选择标准［EB/OL］．（2007-04-23）．http：//www.cnhm.net/news/detail/id/6411.

［46］苏本一，林新华．中外盆景名家作品鉴赏［M］．北京：中国农业出版社，2002.

［47］苏本一，马文其．当代盆景艺术［M］．北京：中国林业出版社，1997.

［48］苏朝安等．盆景制作与养护 300 例［M］．北京：中国林业出版社，2008.

［49］唐自东．盆景制作与养护［M］．福州：福建科学技术出版社，2006.

［50］汪彝鼎．中国山水盆景［M］．上海：上海科学技术出版社，2009.

［51］王朝闻．美学概论［M］．北京：人民出版社，1981.

［52］王红兵，谭端生．盆景艺术与制作技法［M］．昆明：云南科学技术出版社，2000.

［53］王礼宾．盆景艺术在园林中的应用［J］．中国花卉盆景，2011（5）：54.

［54］王琦．家庭花卉盆景制作 200 问［M］．北京：科学技术文献出版社，2001.

[55] 王志英. 海派盆景造型 [M]. 上海: 同济大学出版社, 1985.
[56] 韦金笙, 李何. 论中国盆景园建设 [J]. 中国园林, 2004 (7): 64-66.
[57] 韦金笙. 扬州盆景园 [J]. 花木盆景 (盆景赏石), 2003 (4): 9.
[58] 韦金笙. 中国盆景艺术大观 [M]. 上海: 上海科学技术出版社, 1998.
[59] 魏友民. 浅论中国盆景的发展方向 [J]. 花木盆景 (盆景赏石), 2009 (5): 14-15.
[60] 吴培德. 中国岭南盆景 [M]. 广州: 广东科学技术出版社, 1995.
[61] 武新, 宁景华. 盆景苗木保护地栽培 [M]. 北京: 金盾出版社, 2001.
[62] 裘文达. 经济花木栽培 [M]. 南昌: 江西科学技术出版社, 1986.
[63] 肖家欣, 张晓平, 黄文江. 园艺概论 [M]. 合肥: 安徽人民出版社, 2008.
[64] 徐昊. 浙江盆景走在时代的前沿 [N]. 中国花卉报, 2006-05-22.
[65] 徐晓白, 吴诗华, 赵庆泉. 中国盆景 [M]. 合肥: 安徽科学技术出版社, 1985.
[66] 余树勋. 园林美与园林艺术 [M]. 北京: 科学出版社, 1987.
[67] 袁肇富, 安曼莉. 现代花卉栽培技艺 [M]. 成都: 四川科学技术出版社, 1999.
[68] 张衍泽. 盆景欣赏与制作技艺 (花木盆景杂志精华本) [M]. 武汉: 湖北科学技术出版社, 2000.
[69] 吴诗华, 赵庆泉. 中国盆景制作技术 [M]. 合肥: 安徽科学技术出版社, 1988.
[70] 赵庆泉. 中国盆景造型艺术分析 [M]. 上海: 同济大学出版社, 1989.
[71] 中国盆景网 [EB/OL]. http: //www. cn-pjw. com.
[72] 中国盆景艺术家协会. 中国盆景赏石 [M]. 北京: 中国林业出版社, 2014.
[73] 朱繁. 园艺工实训指导 (中级) [M]. 北京: 中国农业出版社, 2001.